罗马星经
astronomica

Marcus Manilius

[古罗马] 曼尼利乌斯 —— 著

谢品巍 —— 译

上海人民出版社

目　录

第一卷
001

第二卷
049

第三卷
097

第四卷
133

第五卷
181

译名对照表
219

译后记
231

第一卷

<table>
<tr><td>1</td><td>通过这部诗篇我试图从宇宙 [1] 带下众神之艺</td></tr>
</table>

1   通过这部诗篇我试图从宇宙[1]带下众神之艺

     和那晓识命运的星辰——天理对众星的操动

     让多变的人事纷繁复杂——

     我还史无前例地试图用新的诗歌去打动

5   赫利孔山[2]，让森林中位于树冠的新芽为之摇曳，

     因为我从陌生之地的祭坛上带来了之前无人知晓的东西。

     恺撒啊，国之元首、国之父[3]——

     臣服于奥古斯都律令的世界

     和屈从于国父的宇宙，神明一般的你理当获得——

10   是你给了我灵感，给了我力量以完成这么一部诗篇。

     现在，宇宙更乐于帮助探索它的人，

     也渴望借助诗歌显示上天的财富。

     和平时代才有闲暇投身此事，而穿过空际

     漫步于无垠的天界，如此这般地生活，

15   学习星座的知识和天体逆行之轨道，[4]这让人感到高兴。

     可单单了解这些并不足矣。让人更为高兴的是

     彻底了解伟大宇宙的真实核心：探知

     它如何通过自己的星座主宰并降生每一个活物，

     并在福波斯[5]的伴奏下以诗歌的形式陈述出来。

---

1 原文mundus，根据伊吉努斯的《论天文学》（*Hygini De Astronomia*），这个词的含义应当是"由太阳、月亮、地球和一切星辰组成之物"。

2 希腊中部的一处山峰，在神话传说中乃缪斯女神的住处。

3 指奥古斯都。在被称为屋大维时，他就已经获得了元首头衔，国父之名由元老院在前2年正式授给了他。——英译者注，有删减

4 天空中的恒星由东向西旋转运行，行星也是如此（包括太阳和月亮的话有7颗）；但后者运行的速度稍慢，所以它们的运动看起来与恒星相反。——英译者注

5 即太阳神阿波罗（Apollo）。

20 一对燃有火焰的祭坛在我面前闪烁出光芒，
我来到两座神庙进行祈祷，周围被诗歌和它的主旨
这双份的炙情所环抱。诗人以固有的章法吟诵，
宇宙因无垠天球的转动而在他身旁发出巨大声响，
致使散乱无章的词语几乎无法按修辞之法排列出来。

25 更深奥的知识最初是以天界赠礼的形式让地上之人
获得并知晓的。因为有谁能从试图掩藏其奥秘的
众神那里偷取宇宙呢，何况宇宙一切皆受他们统治？
谁又会仅凭人类的心思就尝试忤逆众神之意至此地步，
以至于希望让自己看起来像个神明，

32 以揭示天上的和地底下最深的道路，
以揭示循着指定轨迹穿过虚空的星辰？

30 昔勒尼乌斯[1]，你便是这项神圣而伟大之艺的创始者和缔造者，
借由你［人类］获知了天界更为深奥的知识，获知了星辰，

34 以及星座的名称和轨迹，它们的分量和力量[2]，

35 以至于宇宙的面貌变得更为宏伟，敬畏之感亦油然而生——
这非但出于物体的表象，而且还出于物体的力量——
人类也能明白，神明以什么方式显示至高无上的力量，

38f 而他在众所周知的那些时间里对

39f 宇宙的面貌和上方的天界进行了布置。

40 大自然也贡献了力量，主动敞露了自己，
它首先屈尊去激励王者[3]的灵魂，

---

1 即罗马神话里的众神的使者墨丘利（Mercurius）。
2 指星体的重要程度和影响力。
3 暗指琐罗亚斯德（Zoroaster）和柏罗斯（Belus）。——英译者注

他们的灵魂已触及临近天界的巅峰[1]，

他们驯服了位于东部方位下的，

被幼发拉底河分隔开的和承受尼罗河泛滥的野蛮民族，

45 宇宙在那里回归视野，再飞向昏黑之地的城市上空。

那时，穷尽一生都在神庙献祭的

和被选来司掌公众许愿的祭司[2]

以虔心侍奉得到神明的眷顾，凭借神谕之力的

出现，他们圣洁的心灵得以点亮，

50 神明亲自将这些仆从带往天界[3]，向他们揭示天界的奥秘。

这些人便是伟大荣耀的缔造者，他们史无前例地以技艺

查探依附在运行中的星辰上的命运。

他们把特定的事件逐一归入每一段时间里，

历经漫长世代的不懈努力：

55 记录每个人出生在哪一天，他们的生平如何，

每个时辰在哪些命运法则上起作用，

细微的移动造成多么巨大的不同。

待天空的每一处天域都被观察过，待星辰重回

它们各自的位置，待把注定的命运序链分配到

60 各星体外征的特定影响之下，

经反复实践并借助示以明路的实例，

经验造就了这门技艺，而经过长期的观察，经验

还揭示出，星体通过隐秘之法施加支配之力，

以及整个宇宙通过永恒之理产生移动，

---

1 原文直译是"事物的临近天界的巅峰"。

2 暗指尼科普索（Nechepso）和佩托西里斯（Petosiris）。——英译者注

3 原文直译是"带到神明之中"。

65   还有命运的变化由特定的星座加以辨别。

在他们之前人们过着无知无识的生活，

他们注视着宇宙之作的外表却不解其意，

他们怀着困惑对宇宙中那奇特的光芒琢磨来琢磨去，

一会儿因其所谓的消失而哀伤，一会儿因其重现而喜悦；

69a   对于太阳为何时常升起并驱散

70   群星，白天的长短为何不一，黑夜的时长

为何不定，影子又为何随着太阳时远时近

而有所不同，这些他们都无法辨识真因。

聪慧也不曾教给人类博学的技艺，

大地在无知无识的农夫的打理下变得荒芜，

75   那时，黄金仍埋藏在无人发掘的山岳之中，

无人涉足的海洋仍隐藏着一片新的世界，

因为人们不敢把性命托付给海，也不敢把希望寄托于

风，人人都在为自己已知的一点知识而感到满足。

不过漫长的时日让人类的心智变得敏锐，

80   辛劳为可怜的人们送来了聪慧，而命运又迫使

每一个人在重压之下要使自己保持警醒，

于是他们把心思投向了各种不同的问题上，并展开了竞争，

无论什么经验心得，只要是利用尝试发现的，

他们就愉快地将之传播出去并献给共同的福祉。

85   那时，他们的语言获得了属于自己的粗糙规则，

荒凉的土地被开垦了出来用以耕种不同的农作物，

游走四方的航行者驶入未知的大海，

在互不知晓的大陆之间开辟出了商路。

然后，战争与和平的技艺在漫长时间的流逝中被创造了出来，

90　因为，实践经验总是在用一门技艺提升另一门技艺。

我不谈那些寻常之事，单说人们学会飞鸟之语，

学会通过内脏问卜，学会用咒语消灭蛇，

学会召唤鬼魂，学会撼动地下最深处的冥河，

学会变白昼为黑夜，变黑夜为光明。

95　一点就通的聪慧凭借尝试战胜了一切。

理性并未给实践定下边界和限度，

直到登上了天界，通过理解本因获取

最为深奥的事物的本质，目睹了各处存在的一切事物。

为什么云会被巨大响声击碎并翻滚起来，

100　为什么冬天的雪会比夏天的雹更柔软，

为什么大地会喷出火焰，地球会颤动，

为什么雨会落下，风出于何种缘故会吹动，

它理解了这些问题，并让灵魂从对事物的惊叹中解放了出来，

它从朱庇特手中夺走了雷鸣之力和闪电，

105　还允许风发出响声，允许云燃起火光。

待它将事物逐一归入各自所属的本因之后，

便有意超越宇宙的深处，去认识相邻的浩瀚空间，

并用心理解了整个天界，

它还给星座分配了各自的形态和名称，

110　并获知了它们依照特定的命数进行怎样的循环，

以及万物是根据宇宙的意志和表征[1]而运动的，

因为星座藉由不同的排列顺序改变着命运。

1　指出现在宇宙表面的星座。

这便是在我面前升起的作品主题，而先前未曾有人

用诗歌将之颂为圣物。愿命运佑助我付出的巨大辛劳，

115 愿我上了年纪的生命可享长寿之福

以便我能够克服如此众多的事物，

且不论巨细都可一样认真地提及。

鉴于这篇诗歌是从位于天界深处传下的，

它来到大地并缔造了命运的规则，

120 因此，我应首先唱诵大自然的真实形态，

再描绘由其外形遮盖之下的整个宇宙。

有人认为，宇宙不从任何物体诞生出

种子[1]，它当没有任何初始，同样亦无任何终结，[2]

过去始终如此，未来亦复如是；

125 可能的是，混沌曾经通过孕育将混作一团的物质雏形

区分开来，待生出有光的宇宙之后，

黑暗遭到驱逐而逃入了昏暗的地下；[3]

抑或是，既然大自然在分解后将会返回相同的状态，

在一千个世代之后它仍能维持不可分割的原子的数量，

130 而且至高至上的宇宙实质由无组成，亦将会归于无，

是由无生命的物体[4]造出了天和地；[5]

1　原文semina乃"种子"一词复数，在这里指诞生出元素的种子。

2　色诺芬尼（Xenophanes）持这一观点。——英译者注

3　赫西俄德（Hesiod）持这一观点。——英译者注

4　原文caeca materies，直译是"盲目之物"。

5　留基伯（Leucippus）的学说，并由他更为出名的学生德谟克里特（Democritus）
　　和伊壁鸠鲁（Epicurus）加以阐述。——英译者注

抑或是火和闪烁的焰锻造了宇宙之作，[1]

那火焰构成了宇宙之眼并住于整副

躯体当中，还组成了天界上发出闪光的闪电；

135　抑或是水诞生了这个宇宙，而没有水，物质就会被烤干，[2]

有了水，火就能被分解并被灭除；

抑或地、火、气、水皆不识生出它们的

父，而四大元素通过自己创造了神明，[3]

并建构出了宇宙之球，既然一切都是由它们创造出来的，

140　它们就禁止对超越自己的任何事物进行探寻，

结果在冷的物质中不乏有热的，湿的中不乏有干的，

气态的物质中不乏有固态的，而这种不和应该就是和谐，

这种不和中的和谐塑造了易于形成的结合和生产的行为，

使元素有能力生出每一种事物。

145　这些问题将始终在聪慧之人中争辩不休，

对于远在人类和神明之上的隐秘之物的困扰也将留存下去；

不过，无论物质的起源怎样，大家对宇宙表象的看法

却是一致的，且其躯体亦是按确定的顺序排列起来的。

飞翔的火飞升到气层之巅，

150　围绕在繁星点缀的天空之巅，

以火焰之壁筑造大自然的壁垒。

相邻的气流下沉变成微小的和风，

气便在中间那层弥漫开来，遍布宇宙的虚空；

155　位于第三的，便是水流和涌动的波涛，

1　赫拉克利特（Heraclitus）持这一观点。——英译者注

2　泰勒斯（Thales）持这一观点。——英译者注

3　恩培多克勒（Empedocles）持这一观点。——英译者注

水在诞生之初便从平坦的地方流了出去，形成整片汪洋，

以便水能蒸发并放出微小的水汽，

以此哺育从水中带出种子的空气，

154　而在毗邻星辰的下方，气流正滋养着火。

159　最后土沉到了最底层，依据重量变成了球形，

夹杂着流沙的泥土随着逐渐流向顶端的

更轻的液体而聚集了起来；

越来越多的水汽变回了清流的形态，

平地上的水流干了之后形成了大地，

平地上的水则在空荡荡的峡谷中停留了下来，

165　于是山峰从深渊下冒了出来，波涛之中跃出了

这颗地球，不过四面八方都被广袤的大海环绕着。

168　它之所以能保持稳定，是因为宇宙各处离开它

的距离都相同，四面八方都在朝它坠去，

170　因此作为万物的中心和最深处，它便不会下坠了，

171f　好比身躯若承受来自四方且都向内的打击时，就会保持静止，

172f　作用在中心上的相等的压力就会阻止它产生偏离。

可若地球没有达到重量平衡的状态，

太阳就不会在落山之后星辰显现之际

175　继续循着宇宙的轨道驾驭前行，也永远不会重新升起，

月亮也不会支配地平线下方的轨道穿过虚空，

黎明时分不再有启明星闪耀天宇，

在之前也不再有长庚星穿越奥林匹斯山 [1] 并发出光芒。

1　位于希腊北部的山峰，乃希腊地区最高峰，海拔2917米。在神话传说中，此
　山为众神的居住地，众神居于山巅的宫殿统治整个世界。因此，这里也引申
　为众神的天界，即天空。

既然地球并未被抛向极深的深渊，

180　　而是在中间维持悬停状态，它周围的空间都是可通过的，

以至于天空落下并从地底穿过后又会重新升起。

因为我无法相信星辰升起是偶然发生的，

也无法相信宇宙重新诞生了那么多次，

抑或太阳每天不断诞生又再消亡，

185　　因为星座一连数个世代都保持着相同的形态，

同一个太阳从天空的同一片区域升起，

月亮在固定的天数里经历着盈亏和相位的变化，

而大自然则遵循着自己开辟的道路，

经验不足未让它犯下错误，白昼带着永恒的光芒

190　　绕圈运行，时而给这片地区，

时而向那片地区，指示同样的时间，

当人们向日出方向冲过去时，日出总越来越远，

或在向日落靠近时亦是如此；天空升起和落下与太阳的起落相同。

不过，地球处于悬停状态这一特征不该让你

195　　感到吃惊。宇宙本身就这么悬着，

而且并不置于任何基础上，

这可以从它自身的高速运动轨迹上清楚看到；

太阳是悬在空中的，沿着弯曲的轨道，

时而朝这，时而朝那，盯着天上的折返点急驰而去；

200　　月亮和群星都飞翔着穿过宇宙的虚空，

地球也如此这般遵照着天空的法则处于悬停状态。

因此，地球被置于空荡荡的空气的中间，

从宇宙深处各部分到地球的距离都是相等的，

它不是铺开的广阔平面，而是被塑造成了球体，

205　在任一地点看来，上升和下降是等同的。

这些便是大自然的外貌：宇宙都是如此，

本身在作圆周运动的它让星辰的外表呈现出了

圆形；我们看到太阳和月亮的天体都是圆的，

而月亮在其圆而大的星体上却缺少光芒，

210　因为太阳发出的斜射火光照不到整个月球。

这些便是最接近神明之物的永恒不变的形态：

在那上面没有一处是起点，也没有一处是终点，

而是表面的每一部分都保持着相似，所有地方都完全一样。

地球也如此这般照着宇宙的模样保持着圆形，

167　并位于一切物体的最底下，同时还处于最为中心的位置。

215　正因如此，我们才在地球上的任何位置都观察不到

全部的星座。你要穿过大海一直来到尼罗河的岸边[1]

才会发现老人星[2]发出的光芒；

不过那颗星辰光芒所及之下的人们却无法望见大熊座[3]，

因为他们居住的地方是位于下方一面的地区，还因为中间鼓起

220　的陆地遮挡了这部分天域，让人们无法看见它们。

月亮啊，地球让你充当起它是圆球的见证者，

因为当夜晚你陷入漆黑一片并在阴影下消失不见时，

天体的消失不会同时让每个民族都感到不安，

1　拉丁网络图书馆版本作Niliacae orae，指尼罗河的堤岸。洛布版作Heliacae
　　orae，含义是太阳的岸边，英译者认为指的是罗德岛的岸边。
2　即船底座α，全天第二亮恒星。对北半球来说，该星在天域的位置太过偏
　　南，通常只能在北纬30度以南才能在靠近南方地平线附近观察到。
3　北天著名星座，也是北斗七星所在的星座。

而是东方民族首先看不到你的光，

225   然后是天底下位于中部的任何有人居住的地区，

最后你染黑的翅膀才行驶到西方的民族，

西端的民族随后便敲打起了铜器。[1]

若地球真是平的，那你在世界各地只会升起一次，[2]

而且整个地球就会同时为你失去光辉而感到悲伤。

230   不过，鉴于地球的形状是光滑的弧线，

德利娅[3]就先在地球上的一些地方出现，然后再在另一些地方，

升起的同时伴随着落下，因为它所绕行的是一颗鼓起的

球体，上升就同样随着下降一起发生，

它从一些地区的地平线升起，就会从另一些地区的地平线离开。

235   由此得出结论地球的形状是圆的。

在这颗地球上住有不同的人类部族、野兽群落，

以及飞鸟禽类。一块适于居住的地区一直伸展到极北之地[4]，

另一块宜居之地是在南方，

且位于我们的脚底，而在对方看来自己

240   则处于上方，因为大地将其渐进的弧度隐瞒了起来，

道路在上升，同样也可以说道路在下降。

当太阳行进到我们下山的位置并望向另一个半球的时候，

---

1 有些民族认为，月食是由魔法师造成的，他们的咒语将月亮从天上魅惑下来；因此，他们将铜器碰撞在一起，发出巨大的噪声，以防止月亮听到咒语，从而使魔法失效。——英译者注

2 意思是月亮在世界各地同时升起。

3 即古希腊神话中的狩猎女神阿尔忒弥斯（Artemis），也司掌月亮之力。

4 原文Arctos，本意是大熊座和小熊座两个星座，因为两星座都位于北天极附近，因此，这个词也引申出"北天极及周围天域"的含义；对应到大地上，则有"极北之地"的含义。

那里，初露的白昼正唤醒沉睡中的城市，

并将宇宙之作的安排连同曙光一起带给那片大地；[1]

245　我们则陷入了黑夜并为四肢唤来睡眠。

地球的两部分地区以大海相互分隔，以波涛彼此连接。

此宇宙之作——构成它的是以无垠宇宙为身躯，

以大自然气与火、地与海存在的

不同形态为四肢——

250　受神明之灵力支配，神明通过神圣的

运动带来了和谐，并以隐秘之理执掌舵柄，

为各个部分搭建起相互的纽带，

以便其中任一部分都能具备并获得其他部分的力量，

整个宇宙虽形态多样却仍能保持着家庭般的关系。

255　现在，让我按固定的顺序向你道出

火焰四射的闪亮星座。首先歌唱的是

那些星座[2]，它们以一排倾斜行列将宇宙环绕其中，

它们按时间顺序依次让太阳通过，

让其他违背宇宙运动的星辰[3]通过；

260　所有这些星座你都能在晴朗的天空中数出；

一切命理也皆源自这些星座，

以至于宇宙的这个部分当成为凝聚穹顶的首要之物。

1　显然这种说法混淆了东西半球和南北半球的差别。

2　指的是黄道十二星座。

3　指行星。

金色羊毛覆盖下的白羊座是第一个，它一边闪着金光

一边在惊奇中回头凝视金牛座升上天空，

265 后者又以低垂的脸和额召唤着双子座。

跟在它之后的是巨蟹座，巨蟹座后是狮子座，狮子座后是处女座。

随后，待夜晚的时长与白昼相等之后，[1] 天秤座便

将因火焰般的星光[2] 而闪烁光芒的天蝎座拉了上来，

一位半人半马之人[3] 张着弓瞄准它的尾部

270 正准备射出一支飞矢。

随后到来的是蜷曲在狭窄星域的摩羯座，

摩羯座之后是水瓶座，它正用一只口朝下的水瓮倒出水，

以便双鱼座能在其熟悉的波涛下贪婪地游走，

在最后的星座过去之后，白羊座继而跟了上去。

275 现在，天空提升到闪烁着光芒的北天极，

从天极之巅俯瞰一切星辰，

北天极不知有星辰落山，并在涡旋当中变换着

[同一高度上的] 不同位置，天空和星辰旋转，

一根看不见摸不着的轴线穿过寒冷的空气从天而降，

280 通过相对的天极支配起了绕轴而转的宇宙：

它构成了由缀满繁星的天球绕着旋转的中心

并转动天界的运行，不过那天轴本身并不运动，

它穿过伟大宇宙的虚空，穿过地球本身，

---

1 这里提到的昼夜等分当指秋分。古希腊时春分点是落在黄道十二星座之首白
   羊座，据此推算，秋分点应落在天秤座。
2 天蝎座中最出名的星是位于胸部的心宿二（Antares），它是一颗巨大的红超
   巨星，呈现出火焰般的耀眼光芒。
3 指射手座（Sagittarius）。

抵达大熊座和小熊座之间，并保持固定。

285　可这天轴既非拥有一副实体化的固体躯壳，

　　　也没有多重的分量以至于需要担负起高空的负担；

　　　不过，既然整个气层始终都在绕圈旋转着，

　　　既然每个部分都朝着它一度离开的那处地方飞去，

　　　任何位于中间的物体——它周围的一切都在运动着——

290　都会变得如此稀薄，以至于既无法让自己转动起来，

　　　又无法受外力发生旋转，也无法进入天球进行转动，

　　　人们把它称为天轴，因为它不作任何运动，

　　　却看到一切都在自己周围飞驰着。

　　　天轴之巅由陷入险境的水手最为熟知的星座占据着，

295　引导他们穿过浩瀚的大海去追求财富。

　　　大熊座描绘了更宏伟的天穹，

　　　七颗星发出的光芒在那片天宇竞相闪烁着，

　　　希腊人的船只借着它们的指引扬帆穿过海浪。

　　　小熊座的星域狭窄，在小小的圆形轨道上旋转着，

300　如其星域大小一样星光也较为暗弱，不过根据提尔人[1]的判断

　　　它的亮度超过了大熊座。布匿人[2]在海上寻找

　　　望不见的陆地时就以它作为更可信赖的引导者。

　　　大熊座和小熊座并非处于头冲头的位置，而是各自将尾巴

　　　对准对方的嘴部，相互追随着。

305　在它们之间伸展开来并环抱住它们的

1　提尔（Tyrus）是地中海东岸的港口城市，位于今黎巴嫩南部的苏尔（Sur）。
2　即迦太基人。

是天龙座，它用灼热的星辰把两者相互分开并围绕了起来，

以免它们会聚到一起抑或从自己的位置离开。

在这片极北的天域和天球的中部区域之间有七颗行星，

它们沿着阻挡其前行的十二星座飞驰而过，

310　由不同的能量混合构成的星座升上了天，

一些靠近天界的严寒，另一些又毗邻天界的烈焰，

因为与这些星座不尽相同甚至互不相容的大气对它们进行了调和，

它们就对下界苍生赐以拥有肥沃之壤的地球作为回报。

紧邻冰冷的北天极和北方冰冻之境

315　出现的是一幅膝盖弯曲的人物形象[1]，只有它自己知道原因。

在它背后闪烁光芒的是天极守护者，也就是牧夫座，

316a　这确实是人们给他起的广为流传的名字，

因为它像是驱使那般拖着胸部中间下方的大角星一起

一如既往地向一群套着牛轭的小牛冲过去。

北冕座那只闪亮的环则在它的另一侧飞过，

320　并闪烁出不同的光芒，因为那个环状星座是由一颗星[2]

主宰的，这颗星在星座最前方的中部散发出光芒，

并以其炽热的火焰来装点星座的明亮之光；

它们闪烁着，犹如克诺索斯[3]那位遭弃的女孩[4]的纪念碑一样。

群星当中还可望见天琴座，它展开双臂

325　伸入天空，俄耳甫斯曾经就用这把琴迷惑住了

1　指武仙座（Hercules）。

2　即北冕座 α 或称贯索四（Alphecca）。

3　克诺索斯城（Cnossos）是爱琴海南面克里特岛上的一座古城，也是克里特岛米诺斯文明的都城。

4　指克里特岛米诺斯王的女儿阿里阿德涅（Ariadne）。

歌声所及的一切事物，还进入了亡灵之地，

用歌声折服了冥界的律法。

它在天界的荣耀和类似的力量便是这么来的：

它那时吸引树林和石头，现在又引导群星并

330　　拐走宇宙那旋转着的无垠天球。

名叫蛇夫座的星座以巨大的圈结把一条蛇

分隔了开来，扭曲的蛇身缠绕住它的身躯，

蛇夫则一直在星域中伸展开来，直至蛇身成结、背部弯曲的地方，

虽然如此，可那条蛇却一边转动柔软的脖子朝后望去，

335　　一边往回爬去，同时蛇夫的手掌也垂落在松散地盘成圈的蛇身上。

这场争斗将永远持续下去，因为它们双方都势均力敌，不相上下。

紧挨着的是分给天鹅座的星域，朱庇特亲自将它安置在了

天界，他就是变身此形来俘获钟爱的勒达的，这副外形便是回报，

当这位神明来到下界，变身为一只雪白的天鹅时，

340　　便对毫无戒心的勒达献出了布满羽毛的外表。

现在它则展开双翼，也翱翔在群星之中。

接着散发出光芒的便是外形仿若一支飞矢的

星座[1]。随后伟大朱庇特的神鸟[2]正飞上高空，

它边飞边携带着通常的装备，宇宙的闪电，

345　　它是与朱庇特和天界相配的鸟，并用神圣的武器装备天界。

再者，海豚座也从大海升上星空，

它是海洋与天界的荣耀，两界的圣物。

一匹骏马[3]以迅捷的速度试图追上前者，

1　指天箭座（Sagitta）。

2　指天鹰座（Aquila）。

3　指天马座（Pegasus）。

在它胸口有一颗明亮的星 [1]；

350　　和仙女座连接在一起，

350b　以武器之力拯救过它的

351a　英仙座将它与自己结合在了一起；[2]

跟在其后的是被一段不等长的

空间岔开的两段等长空间，[3] 望见有三颗星

闪烁着光芒，该星座被命名为三角座，

被唤此名乃据其外形；仙王座和仙后座紧随其后，

355　　仙后座面朝上望向自己的祭品，近旁就是

在鲸鱼座张开的巨口前瑟瑟发抖的遭舍弃的仙女座，

后者被绑在了巨石上，在为自己遭弃而向大海哭泣着——

若非英仙座在天界仍维持着原本的爱情，

并施以援手而举起美杜莎的面孔，

360　　让自己得胜，让目睹到的人覆灭的话。

随后，御夫座将自己的足迹印在了附近蜷曲着的

金牛座身上，驾车的热情让它赢得了宇宙和星座之名，

朱庇特看见此人史无前例地驾驶起由四匹马拉动的高大马车

疾驶，便将他升上天变成了神。

1　即天马座β或称室宿二。

2　仙女座（Andromeda）原是埃塞俄比亚的公主安得洛美达，英仙座（Perseus）
是大英雄珀尔修斯。埃塞俄比亚的王后因夸耀女儿安得洛美达的美貌赛过
海神的女儿而触怒了神明，于是海神派出一头大海怪游弋在埃塞俄比亚的
海边，吞噬走过的人。为平息神明的愤怒，王后便锁住了女儿，献祭给海
神。珀尔修斯为了救出被锁链绑住的安得洛美达，就同这头大海怪搏斗，
并最终用武器（又有说法是凭借美杜莎的脑袋）杀死了它，由此赢得了这位
公主的芳心。仙王座（Cepheus）和仙后座（Cassiepia）便是埃塞俄比亚的
国王和王后，鲸鱼座（Cetus）便是那头祸害埃塞俄比亚的大海怪。

3　指等腰三角形。

365　两头小羊 [1] 跟随在它之后，它们同那个星座一起关闭了海路， [2]

跟在后面的还有一只以哺乳宇宙之王而闻名的母山羊 [3]，

那个王经其乳头的哺育而登上了伟大的奥林匹斯山，

天然的乳汁让他积聚起了力量，以便能操纵雷电。

于是，朱庇特名正言顺地将它升入永恒的群星，

370　变为了神，天界用天界的酬报作出了回报。

371f　皆属金牛座一部分的昴星团和毕星团

372f　登上了北方的天空。这些便是北天星座。

现在来看在太阳轨道下方升起

并在遭炙烤的大地上方滑过的那些星座，

375　以及位于那冰冷的摩羯座和

靠在最底部天极上的宇宙之间的发光体，

在那些星辰之下存在着我们不曾接触到的另一部分地球

和不为我们所知的人类部族，以及未曾到过的国度，

那边与我们共享同一个太阳的光芒，

380　影子的方向却与我们不同，而且在颠倒的天空上

人们看到星座从右手边升起，从左手边落下。

那里的宇宙不比这里的小，光芒也并非更弱，

天球上升起的星辰亦非更少。

他们并不屈从于其他事物，唯独受制于奥古斯都这一颗

385　星辰，这颗星恰降临在我们的世界，

1　实指御夫座ζ或称柱二，以及御夫座η或称柱三。

2　小羊两颗星从11月中旬起都会在清晨落山，从那时直至3月初绝大部分船只都不出海。——英译者注

3　指御夫座α或称五车二（Capella）。

它是最伟大的法律制定者，当下是地上的，未来是天界的。

临近双子座附近应可见猎户座，

它展开双臂，延伸过很大一片天域，

并升上了天，成为一片不小于一步[1]宽度的星座，

390　它的双肩各以一颗明亮的星辰[2]作为标记，

三颗一字斜排的星[3]被当成一柄向下指的剑，

另一方面，嵌在极高的奥林匹斯山上的猎户座，其脑袋

也是由三颗星来标记的，脸部位于远处，

这么说并不是因为它们更暗弱，而是因为它们正退回更高的地方。

395　在这个猎户座的带领下，星辰飞奔着穿过整个宇宙。

被它紧拉着的天狼星[4]以迅疾之速跟随在它之后，

没有一颗星以比之更激烈的方式抵达大地，

也没有一颗星在离去时造成更大的麻烦，它常在冰冷中哆嗦着升起，

又常从曝露于太阳烈焰下的世界离去：[5]

400　就这样它既把宇宙推向了一面，又送回了相反的另一面。

从陶鲁斯山[6]那高耸入云的山巅上观察到它的那些人，

在看到它在回归之后初次升起时，

便能了解收成和季候的不同结果，

以及将要出现什么疾病，和睦将到何种程度。

405　它兴起兵灾，又重建和平，当它以不同的外貌回归时，

1　古罗马的长度单位，一罗步（passus）约为1.48米。

2　即猎户座α或称参宿四，以及猎户座γ或称参宿五。

3　即猎户座δ、ε、ζ，或者分别称为参宿三、参宿二、参宿一这三颗星。

4　原文canicula，本意是小母狗，星座上照理应该指的是小犬座，不过从上下文来看，这里显然指的是天狼星，即大犬座α。

5　古时天狼星在1月初于傍晚升起，至5月初于傍晚落下。——英译者注，有删减

6　指位于今土耳其亚洲一侧安纳托利亚高原南侧的一处山脉。

就以它出现的样子来搅动宇宙，以它的外表操掌宇宙的舵柄。

十足可信的是，它的颜色和溅在脸上的火焰令它

拥有这般力量。若不是居于远方且从蓝色表面射出的光

是冰冷的的话，它几乎不会屈居太阳之下。

410　论光芒它胜过了其他星，也没有任何一颗沾过海水的

或者从海浪回归天界的星辰比它更明亮。

随后是南河三[1]与行动敏捷的天兔座，接着便是从它最初穿越的

大海升上天界的高贵的南船座，

它占据着以过往付出的巨大苦难赢来的宇宙，

415　并因保护过众神而被升为了神。在它一旁的是长蛇座，

它的星火列布开来，状如其布满鳞片的身躯。

福波斯的圣鸟[2]随着伊阿科斯[3]钟爱的

巨爵座，以及形体由两部分组成的半人马座一起发出了光芒——

这半人马座一半是人，一半是马，在腰间相连——

420　接下去，宇宙有一座属于自己的神庙，

当大地在盛怒中诞下巨人与天界对抗时，

那个天坛座在得胜者举行献祭时发出了火光。当时连众神都

向伟大的众神寻求帮助，朱庇特自己就因害怕曾拥有的权力不保

而觉得需要另一位朱庇特。他看到大地

425　反叛了起来，以至于就认为大自然的一切都已被颠覆，

他还看见山峦叠在其他山峦上越来越高，

看见星辰正从离得如此近的山峰上退去，

那些山峰曾诞下过既拿起武器又背离母亲的巨人，

1　即小犬座 α 。

2　指乌鸦座（Corvus）。

3　即酒神巴克斯（Bacchus）。

它们脸孔和身形丑陋，生得怪异。

430　众神并不知道有谁能够置它们于死地，

抑或存在比它们本身更强大的力量。那时，朱庇特

便建起了天坛座，现在就成了一切祭坛里光芒最为闪亮的那个。

在它一旁，鲸鱼座一边令其布满鳞片的身躯起伏着，

盘旋着将身子提升起来，以肚子激起浪涛，

435　一边作出吞食的威胁，就和抓住猎物的鲸鱼一样，

它越过大海本来的海岸袭来，

并破开巨浪以期杀死那位埃塞俄比亚国王的女儿。

随后升上天的是以从南方吹来的风的名字命名的

南鱼座[1]。与它结合在一起的是

440　蜿蜒穿过一排巨大而弯曲的星辰的河流：

水瓶座倒出的水变成了一条河流的源头，

441a　而另一条河则从猎户座那只伸出的脚那里流过，

它们流到了一起，各自的星辰也合到了一处。

这些便是点缀在我们未知的那部分宇宙上的星辰——

那部分宇宙是夹在黄道及那隐秘不见的天极[2]之间的，

445　那天极围绕着宇宙重压之下发出呜咽声的天轴旋转着——

这些星辰古代诗人称之为南天之星。

始终在最底部的宇宙上旋转的那些最为遥远的星辰，

一直承载着天界闪亮的宫殿，

即便天极调转也永远回不到我们的视野，

———————

1　原文是Notius Piscis，notius一词本非拉丁语，乃出自希腊语νότος（南方，南风）。

2　即南天极，北半球的人无法观察到。

450　　　它们反射上端宇宙的外貌并映照出相似的

　　　　星辰形状。于是，我们以类推的方式相信，

　　　　大小熊两个星座以脸朝外的方式相互分开，天龙座

　　　　将它们围绕在中间，因为意象构想的是：

　　　　这片天界之带由相似的星座构建而成，如同相似的天极一样，

455　　　并带着我们无法望见的星座转着圈。

　　　　因此，散布在整个天空上的星座便是这些，

　　　　它们占据着广袤天宇的诸多不同位置。

　　　　只是你别去寻找与身体外形相似的那种外表，

　　　　或想要一睹星座的所有部分都发出相同的光芒——

460　　　它们不差丝毫，也不让一处天域暗淡无光——

　　　　如果所有的星座通体都是燃烧着的话，

　　　　宇宙将无法承受如此炙热的火焰。

　　　　大自然从那种火焰里移走一丝一毫的东西，都是在减轻

　　　　自己无法胜任的负担，而它只满足于以特定的星辰

465　　　来区分和展示星座的外形。

　　　　一根线条勾勒出它的外貌，火焰随之以火焰相呼应，

　　　　中间部分依据边沿，最远处依据最近处

　　　　作出推断：如果一切尚不至于都被隐藏起来，那这就足够了。

　　　　当月亮在行进当中变得盈满，

470　　　那么宇宙中一些特定的重要星辰就会放出光芒；一切普通的星辰

　　　　就会消失不见，一大帮无名的星辰就会逃走。

　　　　于是人们就应该能在清朗空旷的天空一睹完美无瑕的星座，

　　　　它们既不对我们欺瞒数量，也不用微小的星辰来妨碍我们。

另外，你也能借此更好地辨认出明亮的星座：

475 它们知道每次落下和回归都无不同，

而且在上升时各自必定让星辰都处于其特定的位置，

升起和落下的次数也保持一致。

在这副如此巨大的构造体中，没有任何他物比理以及

万物遵从不变的法则更令人赞叹了。

480 混乱未在一处产生破坏，亦未有任何部分偏离运行路线——

或增加或减少轨迹，又或变更它们的移动顺序——

有哪样东西外表如此复杂，又有哪样东西运行起来如此有序？

在我看来，没有任何理据比如下这个更具说服力，

来证明宇宙遵从神的意志运行，

485 以及宇宙乃神之本身，且并非在偶然中结合成一体的。

可正如那个他[1]希望我们相信的：他史无前例地用再小不过的

种子建构起宇宙的城墙，又将它分解成那些种子，

他认为这些种子构成了海洋、陆地、天上的星辰，

以及大气，诸世界亦由此得以在无垠的空间被创造

490 和被分解；而且万物回到它们

最初的状态，再改变事物的形态。

谁会相信，如此宏大之作的构造是未在神意的支配下就

由种子创造出的，而宇宙是以混乱结合体的形式诞生出来的？

如若命运将这件东西赐予我们，命运自己会操纵起舵柄。

495 可为何我们看到星座是按规则的顺序升起，

并如同遵照命令一般沿着受命遵循的轨道行进，

---

1 即伊壁鸠鲁（Epicurus）。——英译者注

既不超前，也不落后？

为什么夏夜总是让同样的夏季星座缀满夜空，

到了冬夜又出现同样的冬季星座？为什么一年里的每一天

500 都让宇宙回到其固定的样子，然后再让它离去？[1]

当希腊人毁灭特洛伊民族的时候，

大熊座和猎户座走到了面面相对的位置，[2]

大熊座满足于径自绕着天极作旋转运动，

而当它在另一侧行进并始终横穿过整个宇宙之时，

505 那个猎户座与它面对面地升上了天。

即便那时，人们都能用星座来揭示漆黑之夜所处的

时节，天空亦曾记下了自己的时辰。

自特洛伊毁灭之后又有多少王国覆灭！

有多少人民被俘！命运以何种频度

510 让接受奴役和进行统治相互轮替，又以不同面貌返回！

特洛伊已死的灰烬重新燃起并成就何等伟大的

至高大权！[3] 现在已轮到希腊被亚细亚的命数扳倒了。[4]

按时间记下数个世代，同时说明火热的太阳以何种频度回归

并在不同的圈道上穿过宇宙，这是件艰苦的任务。

515 一切所生之物皆以必死之物的法则变化，

大地并未认识到，在经历往昔岁月的磨砺之后，

它呈现的外貌会随世代流逝而发生变化。

---

1 站在地球上看，整个天幕因太阳移动的关系每天都会发生推移，一年之后就会返回一年前的位置。

2 从星图上看，当猎户座先升起，随后大熊座再处于上升位置时，两个星座看起来就是面面相对的。

3 罗马人认为自己是特洛伊人埃涅阿斯（Aeneas）的后裔。

4 指希腊被作为特洛伊人后裔的罗马人征服了。

可宇宙却是在保护万物的同时自己又保持原封不动的状态，

既不随年岁增加而增加，也不因步入老年而减少，

520 　移动不会让它产生丝毫形变，奔行也不让它感到疲惫：

鉴于以往它一直未变，所以未来也将一直不变。

父辈看到过的宇宙与我们的没有不同，孙辈将来凝望的那片宇宙

也不会不同。岁月中永不变化者便是神明。

太阳永远不会偏离轨道抵达位于天空另一侧的大小熊星座，

525 　也不会改变路径的方向；它将轨道对准日出处，

并把新生的曙光带给了不同寻常的大地。

月亮不会超出其固定的发光球面

而是遵守着它盈亏变化的规律；

悬在天空的星辰不会掉向大地

530 　而是在一段固定的时间内完成它们的周转运行：

这些都不是偶然的结果，而是伟大神明意志的安排。

这些便是以平均铺展的方式来点缀天空

的星座，星火以不同的形态嵌套在天空上。

再往上则无有一物，因为它们已是宇宙之巅；

535 　它们是大自然共同居所的乐于安处之地

的边界，同时拥抱着位于下方的海洋和陆地。

它们全都沿着一致的轨道出现，在天空曾经降下的地方

538 　落下，又在天空返回的地方再度升起。

805 　还有一些其他星辰，它们对抗着与之运行方向相反的宇宙，

它们悬在天界和大地之间，飞驰而过。其中有

土星、木星、火星、太阳，还有位于它们下方的

金星、月亮，以及在前两者之间飞驰运行的水星。

539   奥林匹斯山的穹顶上，宇宙本身占据多大的

空间，黄道十二星座移动过的空间又是广袤到

何种程度，这些通过理——那种没有任何障碍，

没有巨大的险境或盲目的退缩可阻挡到的理——便能习得。

万物臣服于理，而理亦能渗入天界本身。

从大地和海洋到星座间的距离等同于两个星座

545   延伸开的宽度。因为，只要一个圆环从中间

被横切，其横切线的长度为周长的三分之一，

这条线如此这般地将整段周长进行分割，其中存在着细微的误差。[1]

因此，从天界最底端到最高端的距离是两个星座宽度的

两倍，那即是黄道十二星座的三分之一。

550   不过，鉴于地球悬停于宇宙深处正中的位置，

两个星座是从最高处往下计算，两个星座则从最深处往上计算。

于是，无论你怎么抬头从地球往天界望去，

既是在双眼透过虚空可及的地方，又是在双眼不及的地平线下方，

距离都等于两个星座的宽度，六个如此等长的距离就组成了

555   一圈环形带[2]，使天空按相同宽度编织的

十二星座在其中运行：

不必对同一星座降生的人却经历不同的命运感到吃惊，

也不要对命数在千变万化的差异中造就的多样感到吃惊，

因为每个星座都占据着如此广阔的星域，它们移动的时间

---

1   我们知道圆的周长相当于直径乘以圆周率，圆周率约为3.14。所以，根据作者的意思，从大地和海洋到黄道星座之间的距离接近黄道长度的六分之一，两个黄道星座所占的宽度就是黄道长度的约六分之一。

2   显然指的是黄道。

560   又是那么的持久，白昼时共有六个星座升到天上，

560a   黑夜时从海中升起的星座数量亦是六个[1]。

我还不得不试着向你讲解天空上的区域，

以及那些把天空区分成固定区间的界线，

星座所属的火属性之物被引导着穿过这些区间。

563a   〈首先我必须描绘五条平行环带，之所以这么称是因为每条环带

在横穿天宇的同时，都与天极和其他环带保持着恒定的距离。你

能精确地绘出它们，且记得天空的弧线从顶端到底端伸展开，总

穿过满三十分钟[2]的弧度。〉[3]

565b   最靠近天界顶轴的第一条环带[4]

566   支撑在大小熊星座闪烁着光芒的北天上，

它处于北天极往下满六分钟的区域。

第二条[5]一直往下触及巨蟹座最外围的地方，

在这条环带中福波斯完成了光的停留，

570   并沿着长长的弧线让光芒来回缓慢摆动，

出于仲夏的酷热，它得到了夏季带之名，

获得时节的称谓之后，用自己的炙热轨迹

标记出太阳飞驰路线的折返点和北部的界限，

---

1   此处原文直译是"并非更多"。

2   曼尼利乌斯在测量天域时，东西向的长度以360度计算，南北向的宽度则按

     60分钟计算，此处的"度"和"分钟"原文都是同一个词pars。

3   标记563a行的拉丁语原文缺失，564和565行被排到了611和612行中间。此处

     译文根据英译者补充译出。

4   即北极圈。

5   即北回归线。

它距离北部的环带达五分钟弧度。

575　第三条环带[1]位于宇宙的中间区域，

它以一个巨大的环围绕在整个奥林匹斯山周围，

并目睹着位于另一边的天轴，在这里，当福波斯

正穿过温暖的春秋两季时，便通过自己的光芒

让白昼和黑夜的时长相等，

580　并将中间的天空平均分开，

这条环带的位置在夏季带往下四分钟的地方。

接下去的一条边界线叫作冬季带[2]，

它标记出太阳退行所至的最远极限，

当它描绘出最短的弧线并把微薄的赏赐

585　通过其倾斜光线中的火焰带给我们的时候，

在它高悬于空中的那片土地上却光芒久驻，时节停滞，

白昼随着热度的增加而延长，且几乎没有到头之时；

它位于距上一条环带四分钟的位置。

越过上述这些环带还剩下一条紧邻遥远天轴的

590　环带[3]，它紧紧围绕着南天的大小熊星座。

同样，它也相距冬季带五分钟的距离，

而且到最近的南天极的距离

与位于上端的夏季带到我们的北天极的距离是一样的。

就这样两个极点各自以三十分钟区域

595　相互分开——这个数字的两倍就是围绕奥林匹斯山整一圈——

并还用五条标识时节的界线进行标记。

————————

1　即赤道。
2　即南回归线。
3　即南极圈。

这些环带的轨道与宇宙的相同，转起圈来也别无二致，

它们一同升起，一同落下，

因为它们随整个天球的转动而划出弧线，

600　它们顺着高处天空转动的轨迹运行，

同时还始终保持着相互间隔的距离不变，

并各守各的界线，各归各的位置。

有两条从一个极点出来抵达另一个极点的环带，

它们交错着，一边将之前提到过的所有环带都截了开来，

605　一边相互交截，交汇处是在宇宙的两个极点，

因而它们横贯天宇，并被直接引向了天轴。

它们标记出一年的时节，还按相等的月份数量

把十二星座经过的天空分成了四个部分。

其中的一条环带[1]从奥林匹斯山顶端往下，

610　将天龙座尾部和未沾过海水的大熊座分开，

穿过在中间那条环带[2]上转行的天秤座，

564　这条环带横穿的那片天域始于北天极，

它寻牧夫座而去，穿过天龙座后背，

565a　触及处女座，并切断天秤座的末梢。

612　它劈开南天长蛇座的一端和半人马座的

中心并再次汇聚于相对的那根天轴，

再从那里返回天上，并标记出鲸鱼座那布满鳞片的背脊

615　和白羊座的边沿，以及明亮的三角座，

1　即连接春分点和秋分点的二分圈。

2　指赤道。

仙女座最下方的衣皱、仙后座 [1] 的脚底部，

待重回北天极后终止于其出发处。

另一条环带 [2] 在顶端的天轴上与前一条（就在其中间位置）相依相交，

从那里，它穿过大熊座的前爪和脖子——

620　它的七颗星随太阳落山而首先向漆黑的夜晚

发出光芒并显现在天上——

再把巨蟹座从双子座那里分开，并放牧那面庞炙热的

天狼星，以及战胜过海水的南船座的舵。

从那里它抵达看不见的天轴，并以直角与先前的那条环带

625　穿过的路线交截。当它从那条路线离开并往回折返之时，

它触到了你，摩羯座，并在离开属于你的星辰后标示出了天鹰座，

随后穿过颠倒过来的天琴座，穿过绕成圈的天龙座，

再从小熊座后足处的星辰旁掠过，

并在天极近旁与它的尾巴呈直角交截。

630　它记得自己从哪里出发，并再次在那个地方与自己相会。

时节将上述环带固定在永恒的处所里，

它们穿过星座的路线是固定的，位置也是永恒的。

不过还有两条环带是在展翅飞翔。因为，其中的一条 [3]

从北天极出发，从中间把奥林匹斯山一分为二，

635　区分了白天，确定了第六个时辰 [4]，

并看到距日出和日落的距离都是相同的。

1　此处原文直译为"安得洛美达的母亲"。
2　即连接夏至点和冬至点的二至圈。
3　即子午线。
4　古罗马人把白天（即从日出至日落）等分成十二个时辰，所以第六个时辰结束大致对应正午时分。

它在星座之间变换着位置，若有谁往东或往西移动，

都会在自己的头上发现有条环带正直接穿过头顶，

以至于将天空从中间一分为二，

640 并通过分割天穹来标示出宇宙。

642 人随自己在地球上的位置而变换着时间和目睹到的天空景象，

641 因为人不同这些就不一样。[1] 正午那个时辰是围绕地球飞驰的：

643 当福波斯从波涛之上升起时，

对居住在那颗金色星球正下方的人来说，他们已到第六个时辰，

645 而当这里的太阳没入阴影时，对居于西边的人来说才是第六个时辰。

我们将第六个时辰分别理解为白昼之初和之末，

而且那时我们从极远的火焰中感受到的都是寒冷的光。

若你想了解第二条线[2]的位置，

那就让你的眼睛和目光自由自在地绕着地球旋转吧。

650 只要是天界最靠下的那层与地球最靠上的那层相连的地方，

只要宇宙不带丝毫间隙地在那里结合到一起，

并把闪耀的星辰送还给大海抑或从大海那儿取得它们，

那里便有一条如边界一般穿越宇宙的界线。

那条线也飞越过整片天空，

655 时而向天球中心和炙热的区域，

时而向七星以及从不消失的星辰移动，

无论哪里，只要人的足迹踏过的地方——

当他一会儿前往这片土地，一会儿又前往那片土地的时候——

他会始终发现一条新的随自己的位置而不断改变的弧线，

---

1 此处应理解为"在不同位置的人沿着子午线看到的天空和感受到的时间不一样"。

2 即地平线。

660 事实上，这条弧线展示出的是部分的天界，而将另一部分隐藏不示。

它将用各种不同的界线来标记天空，

并随着观察者视线的移动来准确地移动自己的位置。

这条线该是属于地球的，因为它是抱住地球的；

此环带以一条水平界线围绕着宇宙，

665 它因限制住我们的视线，就被称为地平线。[1]

除此之外，还得增加两条相互斜穿而过的环带

和相对而行的线，其中一条[2]拥有那些闪闪发光的

十二星座，它们都由福波斯掌控着，

德利娅驾着自己的车随行在太阳之后，

670 而五颗与宇宙运行方向相反的发光星体也在那条环带上

按大自然的法则进行着各种不同的来回运动。

巨蟹座占据着这条环带的顶端，摩羯座占据着底部，

它两次与等分昼夜的那条环带[3]相交截，

两线交截处是在白羊座和天秤座。

675 如此一来，这条弯曲的环穿过三条环带[4]，

其笔直的轨迹因向下的斜坡而被隐藏了起来。

它并不迷惑人们的眼睛，是一个单凭心智就能理解的

环带，就像先前的几条环带都是凭借心智就被察觉到一样；

而且这个巨大之环如同布满星辰的倾斜环带一样闪烁着光芒，

680 并随其轮廓鲜明的宽阔外形把光辉带给宇宙。

---

1 地平线一词得名自希腊语όρίζων，其动词原形όρίζω的意思是"限制"。
2 即黄道。
3 指赤道。
4 指的是南北回归线和赤道。

它在长度上包括了三百六十度的范围，

宽度上为十二分钟的范围，

其中包含那些在不同轨道上滑翔的星辰。

另一条位于交叉位置的环带[1]爬升到了大熊座，

685　不过却从离北极圈不远的地方将自己弯折了回来，

并穿过颠倒过来的仙后座，

再从那里沿着一条斜线一路向下，抵达天鹅座，

它与夏季带，与仰视的天鹰座，

与等分昼夜的环带，以及承载太阳之骏的黄道

690　交截；它从天蝎座燃烧着的尾部，

以及射手座的左手末梢和箭矢之间穿过，

并从那里拖着蜿蜒的身形通过半人马座的

腿部和足部，接着又再次开始攀登

天界；它穿过南船座的船尾柱顶端，

695　并与位于宇宙中间的环带和双子座的最底部

交截，再进入御夫座，又从那里越过英仙座

往仙后座奔去，

并在环带开始的那个地方让自己结束。

它与三条位于中部的环带[2]和承载十二星座的环带交截，

700　且每次都在两处地方被同一条环带截断。

人们不必追寻它：它自行进入人们的视线，

主动告知自己的行踪，并强迫人们注意到自己。

因为它在深蓝的宇宙中形成一道光芒闪烁的路径，

1　即银河。
2　指赤道和南北回归线。

就好像它会突然打开天空，继而引来白昼一样，

705　又或犹如一条穿过绿野的小径，

马车的车轮反复行驶在同一条道上，碾压出了这条小径，

所以位于被分开的天域中间的这条道路前后没有差别。

大海因船只拖出尾波而泛出白花，

波涛冒起泡沫并变成了路的形状，

710　而旋转的涡流把这条路从颠倒的深渊带了出来，

所以，这条白色之路就在漆黑的奥林匹斯山上闪烁着光芒，

并以巨大的光亮劈开深蓝的宇宙。

正如彩虹架设自己的拱桥穿过乌云一样，

标记出天空之巅的白色路径便如此这般出现在了

715　头顶上方，它引得苍生仰面而视，

同时对这种穿过漆黑之夜的新奇光亮心生好奇，

并以人类之智探究起了神圣之因：[1]

恐怕天空正试图把自己分割成独立的

部分，因天穹构造变得松散，缝隙裂开，

720　新的光线正透过裂缝照入天穹；

当人们注视到宏大的天宇崩坏，对宇宙造成的伤害夺人眼球时，

会有令他们无所畏惧的事降临在他们身上吗？

又或者宇宙是结合在一起的，是两个天球的外壁

相合并将天空各部分的边缘固定住的，

725　出于那种结合，标记宇宙间隙的显著疤痕

成型了，并被其稠密的构造转化成

一种空中的雾气，裂隙经过压缩

1　以下是各种关于银河的理论。

致使高空的基础变硬，聚合为一块固态的结合体。

又或者如下的主张更得正解：早先有数个世代之久，

730　太阳之骏曾在那里沿不同的圈道行进，

　　　因而磨损的是另一条路径，长久以来

　　　那条道历经焚烧，星辰被火焰炙烤，

　　　并用其他的颜色改变了其深蓝色的外观，

　　　因为宇宙被散布在那片区域的灰烬埋没了。

735　还有一则从古老时代流传到我们的传说：

　　　法厄同[1]一边驾着父亲的马车在星座中飞驰而过，

　　　一边颇为专心地注视着宇宙的新奇赛会，

　　　那男孩在天上嬉戏着，趾高气扬地

739　在闪闪发光的马车上奔驰，他渴望能胜过父亲，

743　于是就偏离了往常的路径，左冲右撞的四驾马车

740　离开了既定的路线，又在天界烙上了一条新的环带，

　　　未曾经历过大场面的星座忍受不住

　　　偏离路标的火焰和失去控制的马车。

744　我们为何抱怨火焰燃遍整个世界，

　　　地球变成了火葬堆，在每一座城市里燃烧着？

　　　四分五裂的马车的光焰散落开来，

　　　连天空都烧了起来，宇宙本身在这场大火中付出了代价，

　　　邻近的星辰因这般不寻常的火焰被点燃，

　　　即便现在都还看得到从前那场灾难的形迹。

750　我也不该隐瞒与广为流传的那则传说相比更温和的

　　　一则古老传说：从众神女王的胸前流出的雪白奶汁

1　古希腊神话中太阳神阿波罗之子。

如河流一般流过那里并在那片天空染上

自己的颜色。正因此，它被叫作

奶白环带，这个名称就是得自其本来的缘由。

755　又或者那是一大群星辰用火焰编织成的

紧密头冠，它们集中发出光芒，

那条环带则因其聚合起来的光亮而闪耀出更灿烂的光芒。

又或者那是够得上进入天界的勇者的灵魂，

在摆脱自己肉体的束缚，从地球离开之后，

760　它们迁入此处并定居在这片属于自己的天域里，

他们享受神界之寿，安享天界之乐。

于是，我们在这里敬仰埃阿科斯之裔[1]，在这里敬仰阿特柔斯之裔[2]，

以及勇武的提狄德斯[3]，还有那位凭借自己在陆上和海上的

胜利就成为大自然的征服者的伊萨卡人[4]，那位以活过三倍人寿

765　而闻名的皮洛斯人[5]，以及其他奔赴过特洛伊战场的希腊诸王，

连同伊利昂[6]一族的支柱及荣耀赫克托[7]，

1　埃阿科斯（Aeacus）的儿子是阿耳戈船英雄珀琉斯（Peleus）和忒拉蒙（Telamon），他们又分别是阿喀琉斯（Achilles）和艾亚克斯（Aiax）的父亲。——英译者注

2　阿特柔斯（Atreus）是古希腊神话传说中希腊诸王之王、迈锡尼王阿伽门农（Agamemnon）和斯巴达王墨涅拉奥斯（Menelaus）的父亲。

3　指古希腊神话传说中的英雄阿尔戈斯（Argos）王狄奥墨得斯（Diomedes），曾在特洛伊战争里加入希腊联军一方作战。

4　指伊萨卡岛之王奥德修斯（Odysseus），古希腊神话传说中的大英雄，曾在特洛伊战争里加入希腊联军一方作战，并献出木马计攻破特洛伊城。

5　指皮洛斯（Pylos）之王涅斯托尔（Nestor），古希腊神话传说中的大英雄，常以长寿智者的形象出现。他曾在特洛伊战争里，以高龄之躯携两个儿子一起加入希腊联军一方作战。

6　即特洛伊。

7　古希腊神话传说中的英雄人物，特洛伊城第一勇士，特洛伊战争中特洛伊一方的统帅。

曙光女神诞下的黝黑之子[1]，还有统治着吕西亚[2]的

属于雷神之族的那一位[3]；我也不该忽略掉你，女战神[4]，

还有其他的一些王：有从色雷斯[5]派出的，

770　有亚细亚的民族派出的，以及从因为大帝而变得极伟大的培拉[6]派出的。

我也不该不提那些以心智见长的睿智之人，

他们作出有分量的裁断，且自身拥有

一切天赋：公正的梭伦[7]和果决的吕库古[8]，

出类拔萃的柏拉图，以及教授前者的那个人[9]——

775　与其说宣判此人犯下罪行，还不如说宣判雅典有罪——

还有那位波斯的征服者[10]，尽管波斯将舰队布满了海洋。

接着是罗马人的英雄，他们的数量已多到不能再多：

有除去那个塔克文[11]之外的诸王，还有贺拉斯兄弟——

1　指古希腊神话传说中的英雄人物，埃塞俄比亚人之王门农（Memnon），曾在特洛伊战争里加入特洛伊一方作战。

2　位于小亚细亚半岛南部的地区名。

3　指古希腊神话传说中的英雄人物，宙斯和欧罗巴（Europa）之子，吕西亚王萨尔珀冬（Sarpedon），曾在特洛伊战争里加入特洛伊一方作战。

4　指古希腊神话传说中亚马逊女战士的首领彭忒西勒亚（Penthesilea），曾在特洛伊战争里加入特洛伊一方作战。

5　位于希腊半岛北部的地区名。

6　培拉（Pella）是位于希腊以北马其顿王国的都城，所以这里的大帝指的便是马其顿王亚历山大大帝。请注意，曼尼利乌斯提到的希腊英雄大都是参加过特洛伊战争的。

7　古希腊"七贤"之一，雅典的改革家和政治家。

8　古希腊政治家，斯巴达政体的奠基者。

9　指柏拉图的老师苏格拉底。

10　指雅典著名政治家、军事家特米斯托克利（Themistocles），在他当政期间，雅典建立起了一支强大的海军并确立了海上霸权。在希波战争中，他指挥希腊联军在萨拉米斯海战中重创波斯海军，从而扭转了战局。

11　说的应该是罗马上古王政时代的最后一任王，卢西乌斯·塔克文·苏佩布（Lucius Tarquinius Superbus）。因儿子塞克斯图斯·塔克文（Sextus Tarquinius）把科拉提努斯（Collatinus）的妻子卢克雷西娅（Lucretia）给玷污了，于是王政统治遭到了颠覆。

他们都是一胎生下[1]的支撑起整个锋线的英雄——以及因一只残手而

780　　变得更为高贵的夏沃拉[2]，勇气超过男子的女子克莱莉娅[3]，

支撑起由他镇守的罗马城墙的科克勒斯[4]，

赢得了战利品和名号的科尔维努斯[5]——

战斗里他得到一只在鸟类外形下具备福波斯神性的飞鸟的帮助——

凭借拯救朱庇特神庙而在天界和罗马赢得一席的

785　　卡米勒斯[6]，从被驱逐的王那里再造罗马的

1　诸贺拉斯（Horatii）和诸库里阿奇乌斯（Curiatii）一样是三胞胎，参见李维，1，24f。——英译者注（阿尔巴城和罗马城发生了纷争，双方商定为了避免更多的人陷入仇杀，各选三名勇士来格斗，最后以胜者一方执掌两城的领导权。结果双方各自派出的都是三胞胎，阿尔巴城派出的是库里阿奇乌斯兄弟三人，罗马派出的是贺拉斯兄弟三人。贺拉斯兄弟中的两人战死，最后一人先是佯装败走，后再将已经身负重伤的库里阿奇乌斯兄弟各个击破，取得了最后的胜利。——译者注）

2　指盖乌斯·姆奇乌斯·夏沃拉（Gaius Mucius Scaevola），他潜入敌人克鲁西翁（Clusium）人的营地企图刺杀波尔杉纳（Porsena）王，事情败露之后，为展现自己蔑视皮肉之苦的勇气和决心，将右手伸进了燃烧的祭坛里。

3　少女克莱莉娅（Cloelia virgo）曾一度沦为敌人克鲁西翁人的人质，但在做人质期间凭借自己的勇气带领其他的罗马人质逃离了敌营。

4　指贺拉斯·科克勒斯（Horatius Cocles），在与克鲁西翁人的战斗中勇敢镇守城外台伯河上的桩桥（pons sublicius），直至最后桥断。

5　指马可·瓦勒利乌斯·科尔维努斯（Marcus Valerius Corvinus），关于此人的事迹和名号，参见尤特罗庇乌斯的《罗马国史大纲》（*Eutropii Breviarium ab Urbe Condita*），II，6："当这些军团在卢西乌斯·弗里乌斯（Lucius Furius）的率领下出征高卢人的时候，高卢人中有一个人叫阵罗马人，说要挑战最厉害的那个人。于是，军事保民官马可·瓦勒利乌斯自告奋勇，就在他披上装备冲过去的那刻，一只渡鸦落在了他的右肩。紧接着，在同那个高卢人的决斗打响之后，同样是这只渡鸦，它用翅膀和利爪攻击敌人的眼睛，让他无法看清，于是，那人就被保民官瓦勒利乌斯杀死了。这渡鸦不仅给他带来了胜利，还送上了名字，因为在那之后他被人唤做了科尔维努斯。"拉丁语中渡鸦叫Corvus。

6　指以击败占领罗马城的高卢人而名垂史册的马可·弗里乌斯·卡米勒斯（Marcus Furius Camillus）。关于此人最出名的事迹，参见尤特罗庇乌斯的《罗马国史大纲》，I，20："高卢人的塞农部落逼近了罗马城。他们在离城达第11里程碑的阿里亚河附近击败了罗马人，并一路追击占领了罗马。罗马人除了卡皮托山之外，再也没有什么能被用来抵御他们的了。高卢人围困了一段时间，罗马人在神庙内忍饥挨饿，就在这时，高卢人（转下页）

布鲁图 [1]，通过战争为落入圈套进行报复的帕庇利乌斯 [2]，以及法布里丘斯 [3] 和库里乌斯 [4] 两人，还有史上第三位缴获敌方将领武器的马尔契洛 [5]，和在他之前从被杀的王那里缴获武器的科苏斯 [6]，及诸位献出自己奋力一战，并又享受同等凯旋荣耀的德西乌斯 [7]，

（接上页）得到了为解卡皮托山之围而奉上的黄金，就撤离了。可是，卡米勒斯（他遭逐后迁居在罗马附近的城邦）这时却突袭了高卢人，并将他们打得落花流水。他一路追赶着，直到把他们杀死，夺回了之前被他们拿去的金子及被他们夺走的所有军旗。"

1　指领导罗马人民驱逐塔克文·苏佩布王并缔造执政官制度的卢西乌斯·尤尼乌斯·布鲁图（Lucius Iunius Brutus）。

2　指卢西乌斯·帕庇利乌斯·库索（Lucius Papirius Cursor）。文中提到的为战败复仇，指的是同萨谟奈人（Samnites）的战争，关于此事，参见尤特罗庇乌斯的《罗马国史大纲》，II，9："就在提图斯·维图利乌斯（Titus Veturius）和斯普利乌斯·珀斯图米乌斯（Spurius Postumius）出任执政官的那一年，罗马人极不光彩地败于萨谟奈人，随后被送去钻了轭门。尽管出于所迫罗马人曾同他们订立了和约，可是这样的和约被元老院和人民解除了。之后，萨谟奈人被执政官卢西乌斯·帕庇利乌斯所败，他们中间的7000人被送去钻了轭门。"

3　关于此人在皮洛士战争中正派清廉的事迹，参见尤特罗庇乌斯的《罗马国史大纲》，II，11："罗马人的使节被派去，请求赎回俘虏，皮洛士（Pyrrus）充满敬意地接待了他们，并无偿地把俘虏们送回了罗马。他尤其崇敬罗马使节里的一位名叫法布里丘斯的人，以至当他知道那个使节陷于穷困时，竟愿以国土的四分之一为贿赂，恳请他加入自己一边，结果他被法布里丘斯所蔑视。"

4　指马尼乌斯·库里乌斯·登塔图斯（Manius Curius Dentatus），将皮洛士彻底击败并赶出意大利的大英雄，也以正直和清廉闻名。

5　指马可·克劳狄乌斯·马尔契洛（Marcus Claudius Marcellus），关于此人斩杀敌军将领取得战利品的事迹，请参见尤特罗庇乌斯的《罗马国史大纲》，III，6："后来，在几年之后，抗击高卢人的战斗在意大利打响了，直到马可·克劳狄乌斯·马尔契洛和科奈乌斯·科尔涅利乌斯·西庇阿（Cnaeus Cornelius Scipio）出任执政官的那一年战争才结束。那时，马尔契洛与一小股骑兵部队交战，随后他亲手把高卢人的王维利多玛卢斯（Viridomarus）杀死了。在那之后，他与另一位同僚的执政官一起消灭了人数众多的高卢人，攻占了梅迪奥郎诺，并把难以计数的战利品带回了罗马。得胜而归的马尔契洛将高卢人的战利品用木棍扛在自己的肩上参加了凯旋式。"

6　指奥卢斯·科尔涅利乌斯·科苏斯（Aulus Cornelius Cossus），曾在与维伊人（Veii）的战争中一举击杀对方的王拉斯·托卢姆尼乌斯（Lars Tolumnius）。

7　祖孙三位同叫普布利乌斯·德西乌斯·穆斯（Publius Decius （转下页）

790   以拖延战术而战无不胜的费边[1]，与战争中的伙伴尼禄一起

打败凶残的哈斯朱拔[2]的李维，

迦太基的终结者——［两位］西庇阿统帅[3]——

世界的征服者、第一位在法定年龄之前就举行过三次凯旋式的

庞培，凭借其优秀的口才而赢得了法西斯[4]的

795   图利乌斯[5]，连同克劳狄乌斯[6]的伟大后裔们，

埃米利乌斯家的显赫人物，以及名声在外的诸位梅特路斯，

战胜命运的加图[7]，操持武器主宰自己命运的

战士阿格里帕，还有始自先祖维纳斯的

尤利乌斯家族的那个后裔，[8]以及从天界下凡并再度进入天界的

（接上页）Mus)，他们在与敌人的战斗中都将自己作为冥界众神的祭品献出，并勇敢地冲入敌阵，战死沙场。

1　指昆图斯·费边·马克西穆（Quintus Fabius Maximus)，以第二次布匿战争中对汉尼拔率领的敌军采用拖延战术而出名。

2　指迦太基名将汉尼拔的弟弟，其本人也是一代名将。关于罗马两位执政官李维、尼禄与迦太基将领哈斯朱拔之间的事迹，参见尤特庇乌斯的《罗马国史大纲》，Ⅲ，18："汉尼拔对能持久同西庇阿作战并且保有西班牙诸行省感到了绝望，于是他召唤自己的弟弟哈斯朱拔，让他领着全部的部队前往意大利。他来的时候走的是汉尼拔之前走过的那条道，结果在皮西努姆人的城市塞纳附近中了执政官阿庇乌斯·克劳狄乌斯·尼禄（Appius Claudius Nero）和马可·李维·萨里纳托尔（Marcus Livius Salinator）设下的埋伏。尽管哈斯朱拔顽强地战斗，可仍身死沙场。"

3　指第二次布匿战争中带领罗马人在决定性的扎马之战击败汉尼拔和迦太基人的大西庇阿，以及前者的养孙，在第三次布匿战争中摧毁迦太基城的小西庇阿。

4　原文为fasces，指古罗马时代高级官员权力的象征物，为一束中间插有斧子的棍棒，此处表示执政官官职。

5　即古罗马时代著名政治家和演说家马可·图利乌斯·西塞罗（Marcus Tullius Cicero)。

6　即李维所说的阿庇乌斯·克劳狄乌斯（Appius Claudius)，乃雷吉伦（Regillum）的萨宾人，据说在前504年迁入罗马，开创了克劳狄乌斯家族。——英译者注

7　即马可·波奇乌斯·加图（Marcus Porcius Cato)，也被称为老加图，古罗马时代著名政治家和文学家，以严厉的作风和保守的政治态度而闻名。

8　显然说的是尤利乌斯·恺撒。关于尤利乌斯家族源自维纳斯一（转下页）

800	奥古斯都——他一边引着路一边随雷神一起穿过黄道星座——
	他在集合起来的众神当中看见了伟大的奎里努斯[9]
801a	和由他亲自认真选补进天国的每一位新的神明，
802	那是在比这条发光的环带更高的那层天界里。
	一边是众神的居处，另一边则是凭借自己的美德达到
804	与神明地位相当的人，他们正将足迹踏入最接近神明住处的地方。
809	现在，当我开始回到星辰并讲述它们的力量，
	以诗歌歌唱星座的命运法则之前，
	应该把宇宙的外形叙述完整，并记下每一种
	发出夺目光芒的物体，无论在哪里或在何时。
	因为有不常生出的火焰，
	出现后便立即飞走了。在为数不多的发生巨大动荡的
815	世代里，人们曾看到过这些突然发光的火焰
	划过清朗的天宇，看到过彗星[10]诞生又毁灭。
	或许，地球呼出了早先就已生成的水汽
	而湿润的气息遭到干燥空气的压制，
	当天空很长一段时间都晴朗无云
820	以至于在阳光的照射下空气变热变干，

（接上页）说，参见苏埃托尼乌斯的《罗马十二帝王传·被奉为神的尤利乌斯》（Suetonii Divus Iulius），VI，1，恺撒向其姑妈致的颂辞："我的姑妈尤利娅母亲那边的族裔起源于诸王，父亲那边与永生之众神有关。因为她母亲的族名所属的诸马尔西乌斯·雷克斯（Marcius Rex）源自安库斯·马尔西乌斯（Ancus Marcius），我们家族所属的诸尤利乌斯一族则源自维纳斯。因此，我们在血统上就带有把至高大权施加于人类之上的诸王的圣性，以及连诸王都附着于他们权力之下的诸神的神性。"

9　古罗马神话里的重要神祇之一，有可能源自萨宾人（Sabini）的战神，后世罗马人常将它视为罗马建城者罗慕路斯的神格化身。

10　拉丁语cometa表示彗星，也可以指流星。

火蹿了下来并抓到了适于自己的养料，

烈焰控制了与自己特性相符的物质。

由于它的身躯并非固态，而只是风的基本物质

以及与烟雾相同的飘动物体在流动，

825　　所以，上述活动生命短暂，火焰自点燃之后

维持不了多久，同样地，彗星在发出光亮后也很快就消逝了。

如果它们出现的地方并不在消逝处附近，

而且火焰燃烧的时间也不是太短，

夜晚就会出现第二次白昼，福波斯回来时

830　　却发现整个世界已进入了梦乡。

另外，因为从地球呼出的更干燥的气息传播到了

广阔之境，点燃的火焰并非一个形态，

所以，人们看到的这些诞生出的火焰之光

在驱散黑暗的同时也存在着各种外形。

835　　因为，就像长发从人头上飘落一样，有时

火焰也会以头发为外观飞翔而过，细长的火焰释放出

闪烁着光亮的飘扬之焰作为其发丝，

于是头发披散开来，致使先前的外形尽失，

继之以一颗带着火焰之须的球状物体。

840　　彗星两侧的轮廓不时形成对称的

四方体光束或圆形光柱。

此外，彗星之火会用高高鼓起的肚子来平衡

装载着火焰的盛具；或者，聚集在紧凑的环形轨道上的

火以毛茸茸的下巴的形状出现，

845　　并装出一副小山羊的外表；

或者，它会生出火炬之状，并分裂成多股火焰。

849 还有一种急速向前飞冲的星，它们拖着由细长火焰构成的

847 长长尾巴，到处都可见到它们飞过，

当游荡的光划过清澈的宇宙，

850 犹如飞矢一般沿着天上的

狭窄小径，向远方飞驰而去。

另一方面，火焰和宇宙的每一部分都混在了一起——

它们居于浓密的乌云并制造出闪电，

它们踏足大地并以埃特纳火山来威胁奥林匹斯山，

855 它们让流水自行就沸腾了起来，

当树木相互碰撞而被点燃时，它们

便在坚硬的燧石和翠绿的树皮中寻得栖息——

大自然中充满的火焰多到如此程度。

不必对这些火炬突然划破天空感到惊奇，

860 也不必对空气被闪亮的火焰点燃感到惊奇——

这空气由地球呼出，并包裹住干燥的种子，

而行动迅疾的火焰一边追逐一边躲避着由它喂养的种子，

因为你能看到，闪电从暴雨中间

抛出颤抖的光线，天空被闪电撕裂——

865 或许，为生出彗星的飞驰之焰

提供种子，这便是地球之理；

或许，大自然在那些火炬中创造出了

天上发出暗弱光焰的昏暗星辰，

不过，太阳发出的炽烈热度把彗星引向自己这边，

870 并将之吸入自己的火焰里，

然后再释放出去，就跟水星的星体

和金星（当它燃起夜灯并在夜晚出现时）一样，

它们时而瞒过眼睛，消失不见，时而又再度显现。

很有可能的是，神明怀着悲怜以上述方式和天界的火焰

875　把预示即将到来的厄运的标志降临了下来。

因为天界从不燃起无用之火，

受到蒙蔽的农夫哀悼被毁灭的土地，

荒芜的田野中，疲敝的庄稼汉徒劳地

驱使着套在一副轭上的伤心壮牛。

880　再或者，当重疾与慢衰发生在身体上时，

死亡之火烧尽了生命之髓

并灭除了体弱之人，公众的葬礼

随燃烧的火葬堆充斥在城市当中。

其程度如同毁灭厄瑞克透斯[1]统治下的人民

885　并未经战争就把古时的雅典送入坟墓的那场瘟疫：

人们倒在死者身上死去，

医生毫无施展医术的余地，祈愿起不到作用，

职责让位于疾病，没有幸存的人埋葬死者，

也没有幸存的人哀悼死者，乏力的火焰无力燃烧，

890　死尸肢体相藉，如此这般被人焚烧，

在曾经如此繁荣的民族中几乎找不到一个继承人。

彗星显现后所昭示的往往就是这些了。

死亡随这些火炬而来，它们以燃烧着无尽火焰的

火葬堆威胁地球，因为世界和大自然本身

895　陷入了病痛，并注定与人类一起走向坟墓。

这些火焰也还预示着战争和突然而至的骚乱，

1　古希腊神话传说中的雅典国王。

以及密谋中的兴兵作乱；

近来在外族之境，当盟约遭到破坏之后，

野蛮的日耳曼尼亚除掉了我们的统帅瓦鲁斯

900 并将三支军团的血沾染在了沙场上，[1]

当时这些凶煞之光就曾在宇宙各处

燃烧了起来；大自然本身也曾以火焰掀起战争

并操动它的力量作战，还威胁要毁灭我们。

不必对事和人的惨痛毁灭感到惊讶，

905 因为过错往往在自己这边，是我们未意识到要相信天界的讯息。

它们还预示着内部的不和与血亲之间的

征伐。其他时候，宇宙都未曾遇到过

更多的大火，除了在许下誓言的那些武装者

沾染着血迹填满腓力比城外沙场的时候，[2]

910 那时，罗马士兵立在几乎无法干透的沙土上，

地上是勇士的白骨以及因先前的战斗而折断了的残肢，

最高大权用自己的力量与自己进行了交锋，

而国父奥古斯都都凭借其养父的足迹取得了胜利。

这还没有结束：由一支作为嫁妆的军队挑起的

---

1 关于罗马人在日耳曼尼亚的这次惨败，参见苏埃托尼乌斯的《罗马十二帝
王传·被奉为神的奥古斯都》（*Suetonii Divus Augustus*），XXIII，1："他
［奥古斯都］总共遭受过两次惨痛而不光彩的失败，且都是在日耳曼尼亚，
这两场战败与洛利乌斯（Lollius）和瓦鲁斯有关，不过洛利乌斯的战败与其
说损失惨重，还不如说只是尽失颜面而已，至于瓦鲁斯的战败则近乎造成了
覆灭，因为三支军团连同一位军团统帅、诸位副将，以及全体辅助部队都被
杀死了。"
2 这里说的是刺杀恺撒的布鲁图（Brutus）和卡西乌斯（Cassius）。他们领导
的共和派与誓为恺撒复仇的后三巨头同盟间曾在马其顿的腓力比（Philippi）
城附近展开决战，结果共和派军队大败，布鲁图和卡西乌斯都战败自尽。

915　阿克兴之战¹ 正接踵而来，当世界的命运再次濒于

　　　险境，奥林匹斯山的统治者在海战中被定了下来的时候，

　　　当罗马的命数系于女子的轭上，

　　　闪电随伊西丝女神的叉铃² 轰击而出的时候。

　　　接踵而来的还有与奴隶和逃亡士兵进行的战争，

920　那是在儿子照着父亲敌人的样子拿起了武器，

　　　庞培³ 又夺下了由父亲守卫的那片海的时候。

　　　不过，就让命运满足于此吧。但愿战争现在就止歇，

　　　但愿纷争在被套上牢不可破的锁链

　　　并关入牢笼之后能被永远制服。

925　但愿国父战无不胜，但愿罗马受其统治，

　　　既然罗马已把神明送到了天界，请不要再在这个世界寻求他啦。⁴

1　后三巨头之一的马可·安东尼（Marcus Antonius）爱上了埃及女王克里奥帕特拉（Cleopatra），并在后者的指使下发动了内战，最终在阿克兴附近的一场海战里被奥古斯都击败，马可·安东尼和克里奥帕特拉随即在绝望中自杀了。

2　伊西丝（Isis）是古埃及司掌生命、婚姻、繁衍的神祇，在罗马帝国时期伊西丝女神崇拜曾在整个帝国范围内流行。叉铃（sistrum）是古埃及的一种乐器，通过用手来回摇晃发出声响。

3　文中提到的儿子和庞培都指的是塞克斯图斯·庞培（Sextus Pompeius），乃罗马名将、前三巨头之一格涅乌斯·庞培的儿子，曾在内战中凭借父亲的影响力，集结起一支海军占据了西西里岛。后被奥古斯都击败并逃亡东方。

4　这里提到的神明指的是尤利乌斯·恺撒，贤明的罗马元首死后往往会被奉为神明。这句的意思是，罗马现在已有了国父奥古斯都，不必再寻找已故的恺撒了。

第二卷

1   至高至大的诗人以激昂澎湃的语气颂出了

伊洛斯 [1] 一族的战斗——此人 [2] 乃是五十众王之王、五十众王之父——

颂出了赫克托被阿喀琉斯击败后，特洛伊随赫克托一起

落败，颂出了那位统帅漂泊在外的经历——直至他的胜利

4a   遭遇到海王的愤怒——以及重开战端后

5   他发起的攻击，还有在海边得以重建的别迦摩，

和在家乡同鸠占鹊巢之徒的最终一战。

诸多地方声称它们乃这位诗人的故乡，

既给了诸多选择，也就夺去了故乡。不过，每一位后裔

都把从他口中流出的丰沛流水转换成了自己的诗歌，

10   并在勇于将他的河流引向自己的涓涓细流之时，

以一人的财富成就自己的沃土。然而，紧随其后的

赫西俄德记述了诸神和诸神的父母，

还有诞下地球的混沌，以及在它统治下的处于婴儿期的

世界，刚开始踏上行途而蹒跚学步的星辰，

15   古老的泰坦巨人，伟大朱庇特的孩提时光，

给兄长冠上的丈夫之名，[3] 没有母亲却由朱庇特生下的［女神］[4]，

巴库斯 [5] 第二次从父亲的体内出生，

23   林中众神与隐遁之地的仙女宁芙。

19   他也述及了田野里的耕作和法则，

1　伊洛斯（Ilus）是古希腊神话传说中特洛伊城的建立者，这里提到的至高至大的诗人说的是荷马。

2　指的是普里阿摩斯。

3　指的是天后朱诺（Iuno）。

4　指的是智慧女神密涅瓦（Minerva）。密涅瓦出生时是从朱庇特的头颅里跳出来的。

5　指古罗马神话里的酒神，相当于古希腊神话中的狄奥尼修斯（Dionysus）。

以及耕耘者与土地之间的战斗，巴库斯对山丘的喜爱，

丰产女神色勒斯对平地的喜爱，雅典娜对两者都抱有的喜爱，

好似私通结合那样把不是本生的果实嫁接到果树上；

18

24 他还创作了和平之作，创作了在无边宇宙内飞翔的一切发光体，

以便推进大自然的伟大之作。

还有一些人 [1] 也说到了星辰的不同形态，

并将星座在广袤天界内自由翱翔

归结为它们自身的先天属性和本源。

他们述及了英仙座、作为祭品献上的仙女座、悲伤的母亲、

哀伤的父亲、吕卡翁遭到强奸的女儿 [2]，

30 以及小熊座出于其对朱庇特的职责、母山羊出于其奶汁，

天鹅座出于其装扮，朱庇特将它们升上了天界，还有处女座

出于其孝心、天蝎座出于其刺击、狮子座出于其战利品，

巨蟹座出于其咬噬、双鱼座出于其化身成维纳斯，

率领诸星座的白羊座出于其对大海的征服。

35 这些诗人把上述星座连同其他的星座一起与它们依不同的命运

而在固定的天球上穿越最高之天进行旋转联系了起来。

在这些人的诗歌里，天界只是传说，大地创作出了

它自己依靠着的宇宙，除此之外再无任何内容。

另外，牧羊人的习俗和潘神吹奏芦笛

40 之事则由西西里大地的一位子嗣 [3] 传诵而出：

他对着树林唱出森林之歌，将甜蜜的情感传遍

粗俗的乡野，并把缪斯女神送入了宫殿。

1　包括阿拉托斯（Aratus）。——英译者注

2　指大熊座。

3　指希腊化时代的诗人特奥克利托斯（Theocritus）。

看呐，又有人诵出了鲜艳的飞鸟和与野兽对抗的战争；

有人诵出了毒蛇，诵出了鸟头以及根部能唤回

45　　生命和带来死亡的草药。

另外，还有将浸没于黑暗中的幽冥之界

从夜间的漆黑唤入白日的昼亮的那些人，

他们在打破与大自然的盟约之后将世界的内部翻转到了外面。

博学的姐妹们已唱出一切种类的事物，

50　　通往赫利孔山的每一条道路都已走烂，

从泉眼涌出的流水已经浑浊，

且不足以让蜂拥而至的众人饮用。

让我们穿越带露水的绿草找寻无人踏足过的草原

和在隐蔽的洞穴中发出呜咽之声的波涛——

55　　飞鸟既未用坚硬的鸟喙啄食过它，

福波斯自己也未以天上之火啃噬过它——

我将讲述自己的内容，我不会赊欠任何诗人言语，

也不做偷窃之事，而是凭自己的所做；在单独的战车里

我飞到天上，在自己的船上我横扫波涛。

60　　因为，我将唱出内心安静的强大自然之神，

唱出它渗入天地和海洋，

并以均等结合体的形式掌控着巨大的构造；

我还将唱出整个宇宙如何在相互和谐中延续着生命，

唱出它受到理这一动力的驱动，因为在各个部分中

65　　只有一个灵，它一边快速飞过一切物体，

一边滋养着世界，并如活物一样塑造它们的形体。

若非整副肢体保持着强健，并由同宗同源的四肢构成，

还听命于一位领导之下，

若非聪慧引导了宇宙那丰沛的财富，

70　地球就不会保有稳定，星辰就不会保有轨道，

宇宙就会漫无目的地运行或僵直地处于静止，

星座不会再沿着其既定的轨道运行，

黑夜也不会在逃离白昼和驱离白昼之间进行着轮替，

雨水不会哺育大地，风不会哺育上方的大气，

75　大海不会哺育浓密的云，河流不会哺育大海，

深海不会哺育泉水，万物的每一部分都

不会始终保持平衡——即使它们是照着规矩造出的，

以至于不会没有海浪，世界也不会沉没，

天空也不会在旋转时尺寸变得更大或更小——

80　转动不止，宇宙之作亦发生不了变化。万物都是按照这般方式

存在于整个宇宙中的，并遵从着居于主位者的领导。

因此，这位神明以及执掌一切事物舵柄的理

将地上生灵从天上的星座引导而下，

虽然这些星座距离遥远，他仍迫使它们的影响

85　被觉察出来，因为它们向各族各部之人授予生命和命数，

向每一个个体授予其自身的秉性。

证据应该不难找到：天界就是如此这般影响着

大地的，就是如此这般送还和夺走各种收获之物的，

就是如此这般搅动海洋，并将它推向陆地又从那里带离——

90　而大海保持着上述的汐动，这种汐动时而因皓月

当空而起，时而又因它退往天空的另一侧而兴，

时而又受扰于以一年为期进行运动的福波斯的伴随——

就是如此这般在没入波涛之下并被关进躯壳和牢笼之后，

活物便依照月亮的运动来改变自己的躯体，

95　还仿照起你德利娅的阴晴圆缺；

你也是如此这般将自己的容貌交还给弟弟[1]的战车，

并再次从那部战车寻回它，无论那位做弟弟的

给你遗留或赠予多少，你都等量奉还，你的星体就取决于他的。

最后，地上的畜群和不出声的活物也是如此这般：

100　虽然它们对自己、对律法都永远处于无知无识的状态，

可是当大自然将它们唤回父母般的宇宙的时候，

它们就提起精神，守候着天界和星辰：

它们对着新月露出的犄角净化自己的身体，

还留意着即将到来的风暴和即将重返的晴朗。

105　说了这些之后，有谁还会对人类同天界的联系持有怀疑——

105a　渴望大地升上星宇的大自然赠予了人类

106　无与伦比的天赋，赠予了语言和出类拔萃的

能力，还有那神明下凡后真正安住的并独自找寻自己

的唯一居所，飞翔的心智？

请略过其他门类的技艺不论，在那些技艺中人类被赋予了

110　那么令人羡慕的能力，而这不是符合我们的限度的馈赠。

我略去没有一物是以平等之法进行分配这一事实，

由此显而易见的是：一切都是造物者的杰作，而非物体本身的。

我略去命运乃确定且不可避免之物，以及物质得到它

是来承受施加的，而宇宙得到它是来施加承受的。

115　除了凭借天界的馈赠之外，谁还能用其他方式认识天界？

除了本身就是位列众神者之外，谁还能揭示神明？

谁能明辨和识别天穹无垠之境的广袤程度，

1　即太阳神。

星辰的律动，宇宙那发出火焰的穹顶，

以及行星对抗星座的永恒的战争，

120　天空之下的陆地和海洋，甚至处于后两者下方的事物，

何况凭借的只是短拙的心智，

如果大自然真的未曾把神圣之眼授给我们的心，

真的未将相关的心智转移到它自己身上，

真的未诵出过如此伟大的杰作，如果将我们唤至天界

125　并召入大自然神圣行会的那股力量未从天界降临的话？

127　有谁否认在有违其意的情况下抓获并奴役宇宙，

就像带到自己身边一样地将之带到地球乃一种罪过？

不过，为了不把话题扯远来确证显而易见之事，

130　本身包含着的信服力将会为作品创造出蕴涵于其中的分量与信服；

因为理从不受到蒙蔽也从不施加蒙蔽。

那条路因为有合理且真实的缘由而必定被踏上，

结果也会如事前预言到的那样发生出来。

命运女神已作出决定的事，有谁胆敢说它是错的？

135　有谁胆敢战胜命数的伟大裁决呢？

这些便是我渴望以呼吸的灵力带上星辰的

内容。我并非在人群当中创作这些诗歌，也并非为了大众，

而是独自一人在如同虚空的世界里自由自在地

驾驭着自己的战车，没有一人在途中与我相遇，

140　或者与我沿着共同的道路相随同进；

并且我还要唱诵给天界听，在星辰令人惊叹之际，

在宇宙因诗人的诗歌而心生喜悦之际，

抑或唱诵给那些不曾因神圣的运行和自身的知识

而被星辰嫉妒过的人，即地球上最小的群体；

145 而这类群体大有人在，他们热衷财富和黄金，

热衷权力与法西斯，乐享安逸中的靡靡与奢华，

热衷各类魅惑之音及各色愉悦人耳的甜蜜之感，

这些与知晓命运相比就如同毫不费力之事。

不过，研习命运的法则，这也属于命运的馈赠。

150 首先应当通过诗歌按两种性相分别记下

星座的不同本性。因为，其中的六个星座是阳性的，

而由金牛座打头的阴性星座数量上也正好一致：

你看，它回归的时候是从后肢开始升上天的。

它们沿着环带一个接一个依次变换性相。[1]

155 你还将看到，其中的一些星座拥有人类的外貌，

秉性也与外观显现的人形不存在差距；另一些则产生出

牲畜与野兽的天性。[2] 有些星座应以谨慎之心被理解为

单相星座，单独个体就保持其所属的征象。[3]

现在转到双相星座上，既然成双成对，它们两个将共同

160 施加影响力。伙伴常增加许多影响亦常消除许多，

而当命运出现变数之时，只要是有伙伴的星座，都能够

1　照这种说法：白羊座、双子座、狮子座、天秤座、射手座、水瓶座是阳性的；金牛座、巨蟹座、处女座、天蝎座、摩羯座、双鱼座是阴性的。——英译者注

2　人相星座：双子座、处女座、水瓶座；兽相星座：白羊座、金牛座、巨蟹座、狮子座、天蝎座、摩羯座、双鱼座。剩下的星座中天秤座在本卷528里被暗指成人相星座，而射手座显然为两种特征都有。——英译者注

3　单相星座：白羊座、金牛座、巨蟹座、狮子座、天秤座、天蝎座、水瓶座。——英译者注

対祸福作出决定。请看，在诸星座中，双鱼座和双子座

在脱去衣物后都拥有相同数量的肢体。

双子座的臂膀保持着相互交错在一起的样子，

165   而双鱼座走的是截然相反的不同道路。

需要注意的是，两个星座数量上虽同为双生，天性上却不尽相同。

上述便是这些星座：它们因成双成对而快活地穿行在

整片领地，它们对自己身上的域外之征绝无惊奇，

也不为仟何损失感到哀痛。某些星座是以斩断的肢体

170   和与来自不同地方的躯块拼合起来的身体组成的，

如摩羯座以及那个与一匹马结合在一起的张着弓瞄准

目标的星座 [1]：后者有一部分是人的形态，而前者则全无人形。

173f   上述差异也应在高贵之艺 [2] 中被保留，

174f   因为，双相星座是一对孪生之象还是一副混合之形，它作出了区分。

175   另外，处女座也被列入双相星座之列，

不过原因并非其外观上的成双成对，而是因为在处女座中间位置， [3]

一边是夏季的终结，另一边是秋季的开始。 [4]

因此，双相星座总是位于三条热环带 [5]——

即位于白羊座、天秤座、巨蟹座、摩羯座——之前，

180   因为它们既然连接着两个时节也就拥有了双倍的力量。

正如黄道星座中巨蟹座跟着的双子座，

两兄弟中的一个给出了百花盛开的春季，

---

1   显然指的是射手座。

2   指占星术。

3   指的是太阳处在处女座中间的位置，也就是每年的9月初。

4   因此双相星座有：双子座、处女座、射手座、摩羯座、双鱼座。——英译者注

5   原文tropici omnes，指的是南北回归线和赤道。

另一个带来了炎热干燥的夏季，

不过它们全都是光着身子的，因为两位都感到了热，

185　一位让春天步入老年，一位让夏天逐渐来临：

后者的最初部分与前者的末尾部分相配相同。

另外，允许摩羯座跟在自己后面的射手座也

具有双相的外形：

更加温和的秋天让它为自己索得了温顺的人类的

190　肢体与肉身，而下方野兽的肢体则是为

寒冷的冬天准备的，星座的外形随季节不同而不同。

被白羊座让到前面去的双鱼座也代表着

两个季节：其中一条鱼结束了冬天，另一条则开启了春天。

当回归白羊座起点的太阳穿过沾水的双鱼座的时候，

195　冬雨和春雨融合到了一起：

上述两种水性征象都归为这水中游动的星座。

197　另外，三个相互邻接的星座与其他九个星座存在不合，

而那就好比纷争占据着天界一样。看呐，金牛座

从后臀升上天，双子座从足部升上天，巨蟹座从腹甲处

200　升上天，虽然其他星座升上天时都是正向的；

所以，太阳在运行迟缓的月份里 [1] 穿过颠倒的星座，

磨磨蹭蹭地把夏季提升到空中，不必对此感到惊奇。

也不该忽略掉以特定法则推断

哪些是夜相星座，哪些是昼相星座，

1　在地球上看到太阳运行迟缓，表明地球正处于离太阳较远的轨道上，即地球
　处于远日点附近。

205　它们并不是在黑夜或白昼表现自己征象的星座——

　　这一名称也许会被运用到一切共同的星座上，

　　因为每隔一段固定时间它们都会持续发出光芒

　　时而夜相星座追随白昼，时而昼相星座追随黑夜——

　　而是那些星座，它们是伟大的宇宙之母[1]大自然

210　把一段永恒哨站[2]中的神圣时间赠予的对象。

　　射手座与凶暴的狮子座，

　　它正回过脑袋看着自己后背金色羽毛的白羊座，

　　然后双鱼座和巨蟹座，以及拥有刺针尾巴的天蝎座，

　　这些或相互邻接或隔着相等间距的星座

215　全都受相同征象的支配而被称为昼相星座。

　　剩下的星座[3]或数量上与前者相同或相互间距相等——

　　因为它们中间隔开了相同的距离——被称作夜相星座。

　　有些人也说过，昼相似乎应分属于由白羊座打头的

　　不断连续的六个星座，

220　夜相则应分属于从天秤座开始的不断连续的六个星座。[4]

1　原文直译是"父母中的一位"。
2　从上下文看，指的应该是春分、秋分和夏至、冬至四点。
3　按这种分类法，昼相星座即两个三宫组合：白羊座、狮子座、射手座一组；
　　双鱼座、巨蟹座、天蝎座一组。每组星座之间都相隔三个星座。之所以用昼
　　为名，是因为两组中有白羊座和巨蟹座，春分落在前者，夏至落在后者。夜
　　相星座显然也是两个三宫组合：金牛座、处女座、摩羯座一组；双子座、天
　　秤座、水瓶座一组。同理，之所以用夜为名，是因为两组中有天秤座和摩羯
　　座，秋分落在前者，冬至落在后者。
4　按这种分类法，昼相星座是：白羊座、金牛座、双子座、巨蟹座、狮子座、
　　处女座。之所以用昼为名，是因为太阳经过这些星座时一天的白昼时间长于
　　黑夜。夜相星座是：天秤座、天蝎座、射手座、摩羯座、水瓶座、双鱼座。
　　之所以用夜为名，是因为太阳经过这些星座时一天的白昼时间短于黑夜。

还有人赞同的是，阳性星座升上天便是昼相星座，

阴性星座则乐于用黑暗保护自己的征象。[1]

另外，还有一些星座无需经过任何指导就能告诉你说，

它们的天性归功于尼普顿[2]，在岩石间爬行的巨蟹座

225   喜欢待在波涛里，双鱼座喜欢待在广阔的水域中。

可有些星座则被视为拥有大地的征象：

它们是牛群的头领金牛座，对主宰羊群

感到自豪的白羊座，两者的毁灭者

食肉的狮子座，以及平地上的危险者天蝎座。

230   也有的星座属于居间法则的那一类，

因为摩羯座随尾巴而变化其天性，水瓶座随水流而变化，

233   它们是水和土以均衡法则融合成一体的星座。

你不该将自己的心思从最为细微的事物上移开，

235   没有一物不是依理而存在，抑或毫无目的地被创造出来。

巨蟹座这一物种繁殖力格外强大，还有带锐刺的

天蝎座，以及用子孙后代填满海洋的双鱼座。

然而，处女座却不繁衍后代，相邻的狮子座也是一样，

水瓶座也不孕育后代，或者有孕育出的，它却将之倒掉了。

240   处在上述两类星座中间的则是身体融合而成的

摩羯座和手持克里特弓并闪烁出光辉的射手座[3]，

---

1 按这种分类法，昼相星座是：白羊座、双子座、狮子座、天秤座、射手座、水瓶座；夜相星座是：金牛座、巨蟹座、处女座、天蝎座、摩羯座、双鱼座。

2 罗马神话中的海神。

3 原文Centaurus应该是半人马座，但从上下文看这里显然指的是射手座。从此处开始，作者在文中其他地方似乎也在用Centaurus指代射手座，译者不再一一注释。

还有白羊座，以及白羊座将它们当成相同征象的

处于昼夜等分点的天秤座，以及双子座、金牛座。

你不必设想大自然的设计是毫无目的的，

245　　因为某些星座具有奔跑相，

正如狮子座、射手座，以及带弯曲犄角的白羊座；

或者某些星座是用肢体站直并达到平衡的，

正如处女座、双子座，以及将水流倾倒出来的水瓶座；

或者有些星座正一边在疲惫中坐着，一边反映出慵懒之心，

250　　如将犁从肩上卸下的昏昏欲睡的金牛座，

在经过了一系列工作之后停顿下来的天秤座，

还有你，肢体因霜寒而萎缩的摩羯座；

再或者有些星座是平趴着的，如带着宽敞的腹部伸展出肢臂的巨蟹座，

趴伏在平坦胸部下方地面上的天蝎座，

255　　斜向两侧游去并始终处于躺卧的双鱼座。

如果你以敏锐之心审视一切星座的话，

就会发现一些星座缺胳膊少腿。

天蝎座的臂膀消失在了天秤座，跛脚的

金牛座随蜷曲的腿沉下了身子，巨蟹座没有

260　　眼睛[1]，射手座只剩下一只，另一只下落不明。

就这样，宇宙在星座中抚慰我们的苦难，

并以此为例教导我们要以坚强经受住遭到的损失，

1　原文lumina，既可以表示"光"，又指"眼睛"，这里的意思是巨蟹座缺少
　明亮的星辰。

因为命运的整幅图景全系于天界之上，

甚至星座本身都是以缺胳膊少腿的形态出现的。

265　　星座也还对属于自己的时节拥有着影响力：

夏天随双子座降临，秋天随处女座，

冬天由射手座开始，春天由双鱼座。

一年就按每三个星座被分成四个部分，[1]

冬季星座与夏季星座之间、秋季星座与春季星座之间存在冲突。

270　　星座的独特外形和在人们出生之际星座给予的单独法则，

126　　对上述这些的认知也并未达到足够的程度；

271　　它们还通过共同合作来影响我们的命运，因为它们乐于联合一起，

并根据自己的天性和位置进行相互间的配合。

向右方运行的黄道带[2] 所包围住的空间，

一根线绕了一周后形成长度相同的三截弦，

275　　它们组合在一起，并相互都依附于顶点的三个点上，

只要是这根线触及的星座都被叫作三宫组合，

因为角有三个，且被分配到了三个相互分开的星座上——

它们两两之间保持着三个星座的间距——

白羊座以相等的距离凝望着两个升起时

280　　与其位置相对的星座：狮子座和射手座；

处女座和金牛座都与摩羯座保持着和睦；

1　即春季星座：双鱼座、白羊座、金牛座；夏季星座：双子座、巨蟹座、狮子座；秋季星座：处女座、天秤座、天蝎座；冬季星座：射手座、摩羯座、水瓶座。

2　原文直译是"众星座的环带"。

其余三宫组合的星座则以相同法则

在天界组成一样数量的征象，[1]

只是右边的星座和左边的并不相同：那些跟在后面的星座

285　被称为左边，那些走在前面的被称为右边，

对金牛座来说摩羯座就是右边的星座，处女座则是左边的，

有这个例子就够了。另一方面，那些被等分成四部分

且处于四边都等长的图案上的星座——

这种位置是按正方形规则画出的——

290　它们称为四宫组合。摩羯座凝视着天秤座，

而白羊座又在前头凝望着摩羯座，隔开相同距离巨蟹座又凝望着

白羊座，随后的天秤座左边的星辰又凝望着巨蟹座：

因为在前头的星辰总被当成是右边。

如此这般，可以把所有星座分成数量正好的几个部分，

295　十二星座就组成了三个四宫组合，[2]

它们的力量将按既定的顺序道出。

但是，若有谁在推算四宫组合时宁愿

认为天宇按每四个星座一组排列出来，

或者在推算三宫组合时按每五个星座一组排列出来，

300　以便据此断定对同盟产生的力量和在这些星座下降生者之间的友谊，

在同属的星辰中发现宇宙的羁绊，

那他便受到了蒙蔽。因为即使真有每边五个星座的组合，

可降生在这种三宫组合星座下——所谓每逢第五个星座

1　另外两组三宫组合星座是：双子座、天秤座、水瓶座；巨蟹座、天蝎座、双鱼座。

2　另外两组四宫组合星座是：金牛座、狮子座、天蝎座、水瓶座；双子座、处
　　女座、射手座、双鱼座。

位置——的人无法感受到三宫组合的

305　力量，虽然星座保有三宫组合之名，

可它们却因自己的位置失去了赠礼，并与真实之数相抵触。

因为，既然福波斯的光焰穿过的

黄道带有三百六十度，

这个数字的三分之一便构成了三宫组合的

310　一条边，而在星座中一个三宫组合有三个如此等同的部分构成。

可如果星座依据星座进行测量而非依据度数，

那这条线在总数上得出的却不是上述数值。

因为即使有两个星座中间隔开三个星座，

可若是你把它们左边星座的最后一度与打头星座的第一度

315　放到一起并计算它们的数值的话，

得到的是整整一百五十度，

这个数超出了三宫组合的形式，也侵蚀了下一条边的

界线。因此，即使它们被称为三宫组合

星座，却并不保有三宫组合的度数。

320　相同的谬误也在四宫组合星座上对人们造成了蒙蔽：

因为，在绕黄道一周的度数总和中，

由每个占据三十度的星座来构成一个正方形，

这导致的是，如果从打头星座的第一度开始

向四宫组合中下一个星座的最后一度引出一条线，

325　这得到的是一百二十度。可若打头星座的最后一度

同下一个星座的第一度放到一起，请重新计算一下

夹在中间的两个星座的度数，

是六十度，与正确的相比少了三分之一。

虽然都是从第四个星座开始数到第四个星座，

330 但单看度数本身就会让一整个星座覆灭。[1]

因此，按星座来计算三宫组合或

按每个四个星座的方式来寻找真实的四宫组合皆不足以取法。

如果你碰巧希望构成一个正方形，

抑或你想要画出三边组成一个等边的三角形，

335 以一百度之数为基准，后者的一边需要再增加五分之一，

前者的一边需要再减去十分之一。如此，数值吻合了起来。

只要是处于四宫组合的角的位置，

只要直线是在离开圆周上的弯道之后

划出一条折返三次的路径，

340 大自然就会为它们奉上共同法则下的羁绊，

以及彼此之间的爱慕之意和相互之间保持友爱的权利。

因此，并非每一个人的命格[2]都能出于三宫组合星座

345 而享受到共同感受，恰处于正方形位置上的星座

也并不一定会相互保持一定的关联。[3]

因为，这根线在时而划出三条边，

时而划出四条边的时候——与绕黄道一周的度数所指定的星座相比，

理有时会命令它们前行至更多的星座当中——

350 是耗尽了本应拥有的度数，

还是违背圆周一圈度数的限制，这是存在差别的。

1　一个星座占了三十度的黄道，四宫组合的一条边应该占九十度，如按不正确的方式计算，若少了三分之一则正好少了一个星座的度数三十度。

2　原文genitura，词源gigno为动词，意思是"使降生"。因而genitura表示的是人出生时刻的星相图。

3　暗示的是，四宫组合关系仅存在于正方形一角的角度上，如：白羊座一度、巨蟹座一度、天秤座一度、摩羯座一度，如此等等。——英译者注

不过，在诸星座中三宫组合的力量远胜过

那些相互间隔开两个星座的 [1] 被冠以四宫组合之号的星座。

构成四宫组合星座的那条线到达离我们更远更高的位置，

355　构成三宫组合星座的那条则从天界而下，离我们更近一些，

它们的视界下降到离大地更近的地方，

并将受其影响的气息送入我们的气层。

六宫组合星座 [2] 之间的关联是微弱的，

它们也无法以始终如一的和睦维持住相互的羁绊，

360　因为这条线并不情愿沿圈道上短促的弦弯曲绕行。

一次越过一个星座，由此构成一条路径，

角的位置出现在交替间隔的星座上，

与此同时这条线在黄道带上沿着弧线六次改变方向，

它从金牛座进入巨蟹座，接着又在触及处女座之后

365　踏入天蝎座，随后再进入你，冰冷的摩羯座，

然后从你那儿进入双鱼座，并进入反向的金牛座，

在其开始的地方结束绕圈一周。

还有一条线经过位于上一条线未曾经过的星座，

正如你沿着这条路能逐一越过我曾提到过的那些星座一样，

370　因而这个圈上的线段数量与先前的那个一样。[3]

374　相互间隔的星座被隐藏在弯曲的隐蔽处，

371　所以，它们躲开被越过的那些星座投来的斜视目光，

1　原文直译是"每数到第四个星座"。

2　原文直译是"彼此间隔一个星座的星座"。

3　第二组六宫组合星座是：白羊座、双子座、狮子座、天秤座、射手座、水瓶座。

因为倚躺在开口极大的钝角当中，它们只能被偏斜的目光打量到，

紧邻者看不见它们：视线沿直线一路向前，这是更为确定之事。

375　又由于六宫组合这条线攀升到了天穹近旁，

在绕行一圈时它一次只越过一个星座，

所以它们的视线远离我们，并在高耸的奥林匹斯山上游弋，

而从远处发出的力量对地球构不成严重影响。

不过它们遵循近邻法则发生羁绊，

380　因为产生关联的星座在性上别无二致，

但阳性星座对应的是男性，其余者性别

为女性，它们各自间构成天界中的联系。

如此，六宫组合星座虽是交替排列的，可它们天性相近，

并在亲缘法则下保持着性别的纽带。[1]

385　可相邻的星座之间却无任何好感存在，

因为相互看不见，[2] 意气相投之感就变得淡漠起来。

它们把注意力放在远处可以看见的星座上。

它们还都是性别相异的星座，阳性的星座与阴性的相连接

绕黄道一圈，并依次被相邻星座环抱，始终如此。

390　没有一点和谐关系被授给这种不相同的星座。

彼此间隔四个星座的星座[3] 也不被认为拥有任何力量，

因为连接它们的那条线并不与整个黄道等长，

1　阳性星座和阴性星座依次交替着排列一周，关于此事，请参见本卷151—154。

2　根据上文讨论六宫组合星座时提到的，曼尼利乌斯认为，黄道存在一定的弧度，所以离得太近的星座因藏入弧度内而很难相互看到。

3　原文直译是"每数到第六个星座"。

而是在隔开四个星座的同时连接起了两个星座，

而它的第三条边则因圆周长度不足而回不到起点。[1]

395　　然而，那些从相对的位置射出光芒的星座

它们隔着宇宙中心，保持面对面的姿态，

而整个天界相距最远的位置是每数到第七个星座的地方，

虽然它们在位置上相距遥远，

可仍然会从远处施加力量，并听凭时代所需，

400　　对战争或是和平发挥自己的影响，

因为行星时而道出的是同盟，时而道出的是争斗。

为此，若你恰巧想要计算相对星座的

名称和位置，就请切记，

要把夏至和冬至（即把摩羯座和巨蟹座）联系到一起，

405　　让白羊座和天秤座（昼夜的等分点落在这两个星座），

让处女座和双鱼座，让狮子座和持水罐的年轻人[2]联系到一起；

当天蝎座从最上方射出光芒的时候，金牛座正处于最下方的位置，

当双子座从大地上升起时射手座正在落下。

这些便是相对星座所遵循的轨迹。

410　　不过，虽然相对的星座是面对面闪耀出光芒的，

可出于天性之故，它们时不时担负起同盟之责，

彼此间的和睦之感犹如受到性别的羁绊一样[3]油然而起：

即便处在相对的位置，阳性星座仍对同性者作出回应，其他星座

1　例如，有一条线从白羊座开始，先经过处女座，然后水瓶座，不过它无法再
　　回到白羊座，因为水瓶座和白羊座之间只隔了一个双鱼座。——英译者注
2　即水瓶座。
3　相对的星座之间相隔五个星座，因此正好同属相同性别。

也对与自己性别相同的星座作出回应。双鱼座和处女座的肢体

415　以遥遥相对的方式飞翔于天，却仍爱护着共同的纽带，

正所谓星座的天性胜过了所处之位；可上述天性却又被

时节胜过，巨蟹座对摩羯座作出抵抗——

即使两者同为阴性——因为夏季与冬季相冲突：

一个带来冰霜和乡间的皑皑白雪，

420　一个带来干渴、汗水，以及山丘被烤干的大地，

而寒冷的冬夜又与夏昼等长。

如此这般，大自然挑起了战争，一年被分割了开来，

也就不必对处在这种位置上的星座会陷入争斗而感到奇怪。

可是，白羊座和天秤座却不完全陷入

425　争斗中，因为春天与秋天虽在时节上存在差别——

后者让大地充满成熟的果实，前者让大地充满花朵——

可鉴于白天与黑夜时长相等两者仍安享相似的法则。

因结构上的相似性而拥有和谐关系的时节，

连同将位于冬季和夏季之间的中间位置关联起来的时日，[1]

430　它们在两边都保持着唯一固定的运行途径，

由此，致使星座不陷于敌对的冲突中。

这便是在相对的星座上找到的规则。

在了解了这些内容后，接下来要关注的是什么？

当大自然将神明的躯壳赠予伟大的美德，

435　并在神圣之名下创造出诸多不同的力量

以便那副躯壳能将庄严之力施加到事物上的时候，

1　指的是位于夏至和冬至中间的春分和秋分。

请认识一下指派给星座的守护神吧，

请认识一下那些由大自然分配给每一位神明的星座吧。

白羊座的守护神是雅典娜，金牛座是维纳斯，

440　外表俊美的双子座是福波斯，巨蟹座是你昔勒尼乌斯，

而狮子座由你朱庇特本人连同众神之王的母亲守护；

处女座及其星团归由色勒斯保护，天秤座归由打造它的

武尔坎[1]保护，好战的天蝎座与马尔斯[2]相联系，

狄安娜[3]守护着的是那个打猎之人（虽是人但一部分身体却有马的形态），

445　维斯塔[4]守护着蜷曲在狭窄星域的摩羯座，

与守护狮子座的朱庇特相对的朱诺守护着水瓶座，

尼普顿认双鱼座为天空上属于自己的两条鱼。

当你的思维从每一个部分里探寻证据和这门技艺的

理路并在群星与星座之间奔走，

450　以至于神力随着天赋升起，

终有一死的心脏[5]并不亚于天界而博得相信的时候，

上述这些也能成为你推测未来的重要途径。

请认识一下，人体各部位是如何对应到星座上的，

以及肢体如何一一遵从特定的主宰力：

455　即星座是如何对整具躯体中的各个部位施加

影响的。白羊座作为一切星座之首分到的是

脑袋，金牛座将再漂亮不过的脖子当作自己的

1　古罗马神话中的火神。

2　古罗马神话中的战神。

3　古罗马神话中的月亮女神。

4　古罗马人的灶神和火种女神。

5　指精通了占星术之后的你。——英译者注

所属，手臂到肩膀部位被一并分给了

双子座，[1] 胸部被归到了巨蟹座的

460　控制下，体侧和肩胛归属于狮子座的统治，

腹部从属于处女座自己的征象，

天秤座统治臀部，天蝎座钟情的是胯部，

与大腿相联系的是射手座，摩羯座统治

双膝，将水流倾倒出来的水瓶座对小腿

465　拥有决定权，双鱼座称自己对双脚拥有权利。

另外，星座之间也按照特定法则

保持关联，因而享有固定不变的联系：

它们相互朝对方看去，又相互聆听着对方；

或心怀憎恨或心存友谊；有些星座性情内向，

470　并随着满满的自傲而被带入自我之中。

因此，善意并非永远不存在于相对的星座之间，

战火也会在同盟的星座中燃起，位置上并无任何关系的

星座总会降生下一生相互间保有友谊之人，

生于三宫组合星座的人常在争斗和躲避中交替着，

475　因为，当神明把整个宇宙都置于律法之下时，

也将爱意分配到了诸多不同的星座上，

并连接起了一些星座的视觉和另一些星座的听觉，

于是，神明让这些友好的星座在长久的同盟下结合在了一起，

478a　也让那些不和睦的星座陷入永恒的愤怒中，

479　结果有些星座能相互打量和倾听对方，

1　指双子座的孪生兄弟各有一条手臂。——英译者注

另一些星座乐于制造伤害并挑起战争，

还有一些星座则沉溺于自己的天性里，

以至于既喜欢上了自己，又从自己身上博得了好感：

我们看到，人类的大部分秉性就是这样的，

而他们把天性归到了使他们降生的星座上。

485　作为名正言顺的首领，白羊座自顾自地出谋划策，

它聆听自己，眼望着天秤座，对金牛座的爱意

受了挫。金牛座一边聆听着在白羊座一旁

发出光芒的双鱼座，一边在为白羊座编织一张欺骗之网，

同时内心又被投来目光的处女座所占据。如此这般，

490　朱庇特曾一度化身成牛的形状将紧握着左侧犄角的欧罗巴

驮上了背。双子座的听力范围到达

将永恒的水流倾倒向双鱼座的那位年轻人[1]，

它心系于双鱼座身上，眼对着狮子座。

巨蟹座和与其位置相对的星座摩羯座

495　各自将目光投向自己，又用听觉

牵扯住对方，与此同时水瓶座也被巨蟹座的花招所俘。

可狮子座却将自己的目光与双子座的结合到了一起，作为兽相星座

它又将听觉与射手座的结合到了一起，还对摩羯座生出了爱意。

处女座盯着金牛座看，却还聆听着天蝎座，

500　并又试图对射手座施展诡计。

天秤座听从自己的意见，且用视线

拥抱的只是白羊座，用心灵拥抱的是位于下方的天蝎座。

1　指水瓶座。

后者看着的是双鱼座，聆听的是离天秤座最近的另一个星座[1]。

射手座也惯于用耳听来等待伟大的狮子座，

505　用眼睛看着水瓶座那已倒空的罐子，

并在一切星座中唯独对处女座

加以宠爱。摩羯座在对面将视线转向自己——

因为作为奥古斯都出生的星座而闪烁出祥瑞之光，

它将对哪个更伟大的星座感到惊奇呢？——

510　并通过耳朵听来接触位于顶端的巨蟹座。

而赤身裸体的水瓶座把耳朵凑向了双子座，

它膜拜着位于高处的巨蟹座，并望向射手座待发的

箭矢。双鱼座将视线固定在了

残暴的天蝎座上，并渴望仔细聆听金牛座。

515　大自然在塑造星座时就将这些相互间的联系分配给了它们。

出生于这些星座的人在共同的感受上存在着相似性：

它们想要听见一些人，想要看到另一些人，

同样的人一时被对这些人的憎恶所动，下一刻被对那些人的爱意所动，

他们给一些人设下陷阱，又落入另一些人的圈套之中。

520　此外，还存在着与一般三宫组合不同的三宫组合，

两条天球直径中的一条沿着相反的道路将它们引向了

战争。因此，真理的秩序存在于每一种事物上。

因为，白羊座、狮子座和射手座组成三宫组合星座，

它们拒不接受同天秤座及其整个三宫组合的盟好关系——

1　指处女座。

525　　后者三宫组合由双子座和将水流倾倒而出的水瓶座完成[1]——

　　　　双重因素迫使我们承认上述乃真真正正之事：

　　　　其一是因为星座分成三组两两相对地放出光芒，

　　　　其二是因为人相星座与兽相星座之间的永恒战争：

　　　　天秤座具有人类的外貌，狮子座具有野兽的外貌。

530　　由于聪慧胜过了力量，于是

　　　　兽类遭到了落败。遭受失败的狮子座在星辰中放出光芒，[2]

　　　　金色的毛发让白羊座加入了星座之列，[3]

　　　　射手座因下身的关系而屈从于自身的一部分，

　　　　人类之勇受制于此。我为什么要对在这些星座下

535　　降生的人比不过天秤座的三宫组合而感到吃惊呢？

570　　而这[4]并不是向出生之人送上武器以及给子孙

　　　　带来仇恨与相互间征伐的唯一因素。

　　　　只是，中间有一个星座隔着的星座大部分都保持着

　　　　根植于恶毒侧目视线中的敌对状态，

　　　　而且无论哪些星座只要处于相对位置

575　　并相互之间隔开五个星座[5]而处于对视状态，

1　此处提到的两组三宫组合分别是：白羊座、狮子座、射手座（皆兽相星
　　座），以及双子座、天秤座、水瓶座（皆人相星座）。因此上文所说的天球
　　直径，应指两端连接着白羊座和天秤座的那一条，上述两组三宫组合星座分
　　别沿这条天球直径对称分布。
2　根据古希腊传说，大英雄赫拉克勒斯曾杀死了一头巨狮，这头巨狮后来升上
　　了天空，变成了狮子座。
3　根据古希腊传说，白羊座本来是一只金色的公羊，曾搭救过佛里克索斯
　　（Phrixus）和赫勒（Helle）姐弟俩，后被弟弟佛里克索斯当作献给宙斯的祭
　　品而被宰杀，其形象升上了天空变成了白羊座。
4　指本卷526提到的双重因素。——英译者注
5　原文直译为“相互数过去第七个星座”。

都各自属于自己的三宫组合；

因此，如果有星座与那些星座——它们与其相对的星座

保有三宫组合关系——之间产生不和，人们不必对此感到惊奇。[1]

536　另外，一个更简单的原因也可在星座中找寻到；

因为，对任何被赋予人类外形的发光星座来说，

兽相星座始终抱有敌意，而且也曾败在了那些人相星座之下。

不过仍旧存在着单独的星座，它们根据自己的心意

540　并向自己的敌人施加属于自己的武器。

生于白羊座的人常同处女座、天秤座，以及双子座和

那个将水流倾倒出来的星座[2]诞生的人争斗。

与生于金牛座者为敌的有生在巨蟹座和天秤座下的人，

以及那些在残忍的天蝎座还有双鱼座

545　诞生的人。[3]而双子座出生的那些人，

他们同白羊座及其三宫组合星座产生争斗。[4]

摩羯座播下的种子伤害到生于巨蟹座的人，

还有在天秤座生的人和由处女座诞生的人，

以及每一个位列于反向的金牛座下的人。[5]

550　白羊座与狮子座有着共同的敌人[6]，

1　比如白羊座与双子座和水瓶座产生不和，而双子座和水瓶座都是与白羊座相
　　对的天秤座的三宫组合星座。——英译者注

2　指水瓶座。这里天秤座、双子座、水瓶座都既是人相星座又是包含了天秤座
　　（同白羊座相对的星座）的那个三宫组合，而处女座是人相星座。

3　巨蟹座、天蝎座、双鱼座是包含了天蝎座（同金牛座相对的星座）的那个三
　　宫组合，而天秤座是人相星座。

4　与双子座相对的星座是射手座，因而就与包含射手座的三宫组合星座（狮子
　　座、白羊座）之间产生不和。

5　与巨蟹座相对的星座是摩羯座，因而就与包含摩羯座的三宫组合星座（金牛
　　座、处女座）之间产生不和，而天秤座是人相星座。

6　指双子座、处女座、天秤座、水瓶座。

且两者相互之间也陷于争斗之中。

处女座对巨蟹座和位于双相星座射手座天穹下方的那个星座[1]感到惧怕，

也对双鱼座和你——冰冷的摩羯座——感到害怕。[2]

天秤座受到很大一帮星座的攻击，有摩羯座和与其相对的

555　巨蟹座，位于水瓶座两侧的四宫组合星座，[3]

还有凡被列入由白羊座构成的三宫组合[4]中的每一个星座。[5]

据信，天蝎座也有数量一样多的敌人存在：

在面对水边的年轻人[6]、双子座，金牛座和狮子座时——

是天蝎座自己令它们感到恐惧——还有在面对处女座和天秤座，

560　以及在射手座下降生的那些人的时候，它让它们奔逃而走。[7]

降生于射手座者想要制服那些生于双子座、天秤座、处女座，

和水瓶座的人。[8]依据大自然的法则，

摩羯座啊，与前者相同的星座承载着对你的敌意。[9]

可那些被水瓶座随永恒的水流倾倒而出的人，

1　指天蝎座。
2　与处女座相对的星座是双鱼座，因而就与包含双鱼座的三宫组合星座（巨蟹座、天蝎座）之间产生不和，而摩羯座是兽相星座。
3　与水瓶座组成四宫组合星座的有：金牛座、天蝎座、狮子座。其中金牛座和天蝎座位于水瓶座的两侧。
4　即白羊座、狮子座、射手座。
5　与天秤座相对的星座是白羊座，因而就与包含白羊座的三宫组合星座（狮子座、射手座）之间产生不和，而金牛座、巨蟹座、天蝎座、摩羯座都是兽相星座。
6　指瓶座。
7　与天蝎座相对的星座是金牛座，因而就与包含金牛座的三宫组合星座处女座之间产生不和，而双子座、天秤座、水瓶座都是人相星座，剩下的狮子座和射手座是随天蝎座心意主动攻击的那类星座。
8　与射手座相对的星座是双子座，因而就与包含双子座的三宫组合星座（天秤座、水瓶座）之间产生不和，而处女座是人相星座。
9　即上文提到的双子座、天秤座、水瓶座、处女座四个星座，它们皆为人相星座。

565   狮子座和由它构成的整个三宫组合[1]都同他们争斗着，

即一群野兽在一个人的勇气面前奔逃而走。

生于双鱼座的人常受到毗邻的水瓶座，

以及双胞胎兄弟双子座，还有生于处女座的那些人，

以及由射手座传下的后代的攻击。[2]

星座出于多样的形态而生出相互的对抗，

580   敌对之意的产生是如此多样、如此频繁。

正因此，大自然才永远不会从自身当中创造出任何

与友情的羁绊相比更为珍贵或更为稀罕的东西。

589   在人类整个漫长的世代、漫长的时光、漫长的岁月里，

在如此多的战争和哪怕出现在和平时代的各色争斗中，

591   当命运女神寻找忠诚之助时，它几乎不曾找到过。

583   唯独存在过一位皮拉得斯，存在过一位奥瑞斯忒斯，宁愿自己

能为对方去死。而累世之久，争着去死这种事只存在过一次，

因为上述两人中的一位拥抱了死亡，另一位也不甘屈服。

能作为榜样遵循的还有两个人：刑罚几乎找不出罪行来施加其上，

担保人期盼获罪者无法如期返回，

588   而获罪者则担心担保人，怕对方以死来释放自己。[3]

---

1 即白羊座、狮子座、射手座，其中狮子座与水瓶座相对。白羊座和狮子座是
  兽相星座，射手座有一半也是野兽，水瓶座是人相星座。

2 处女座是与射手座相对的星座，双子座和水瓶座都是人相星座，而射手座是
  随双鱼座自己的心意主动攻击的那类星座。

3 此处说的是达蒙（Damon）和芬提阿斯（Phintias）。故事梗概是：当暴君
  狄奥尼修斯（Dionysius）指定芬提阿斯的死刑日期之后，他请求缓刑几日以
  便向亲人交代后事，并提出由另一人作人质，一旦自己逃亡就由对方替死。
  他寻找到了自己的好友达蒙。结果这人果然在行刑的那一天回来了。关于此
  事，可参见西塞罗的《论义务》（*Ciceronis De Officiis*），3，45。

592	然而，整个世代的罪恶数量是如此之多，
	从大地上减除憎恨的负担是件多么不可能的事！
	被杀害的[1]父亲和遭弑杀的母亲
594a	都不曾标记罪恶的界线，即便神明恺撒
594b	都因邪恶的阴谋而毙命，对此福波斯在恐惧中
595	给世界带来了黑夜并弃大地而去。
	为何还要我述说遭到洗劫的城市、遭到出卖的神庙，
	和平时代的各种灾祸、调配出的毒药，
	以及暗藏在广场上的埋伏、发生在罗马城墙内的杀戮，
	还有借友情之名实施的阴谋？[2]
600	人民中间罪恶横行，愤怒充斥于万事万物之中。
	正与邪之间不存在差别，邪恶以法律本身为器
	横冲直撞，罪恶已然胜过了惩处。
	显然，因为让人出生后陷入争执的
	星座有许多，所以和平在整个世界遭到了破除，
605	忠诚可靠的同盟实属罕见，且几乎没发生在几个人身上。
	正如天上一样，地上也处于相互争斗之中，
	人类诸族正是受制于彼此敌对的宿命。
	虽然如此，可若你还希望了解哪些星座
	心意相通，哪些星座受制于友好的宿命，
610	那就把生于白羊座的人与其三宫组合星座的联系起来吧。
	不过白羊座是较为单纯的星座，它向生于狮子座的人

---

1 原文直译是"被卖给死亡的"。

2 这些句子似乎是在暗指罗马在共和国最后时期的武装暴力事件。——英译
  者注

和射手座诞生的人施加的崇敬要胜过它们向它

施加的。因为它在天性上属于温和的星座，

并暴露在对自己的伤害中；它既不施展任何诡计，

615 天性与柔弱的身体相比也丝毫坚毅不到哪里去。

那些与它组成三宫组合的星座则既凶残又渴望捕获猎物，

贪婪之心常驱使它们为达自己的目的

打破盟好，而它们对善意的感激也持续不了多久。

622 虽然如此，可对于有人类混处其中的双相星座 [1] 来说，

我们应当将它认定为比你——单相星座的狮子座具备更大的力量。

619 不过，当生于白羊座的人遭到其他两个星座之一的侵扰，

619a 承受着武力攻击和双双施加的诡计的时候，它便不再忍受

它们，但却不常挑起战争，只在时机需要的时候，

而对于这些战争的爆发，更该怪罪的应是另两个星座的凶残。

624 于是，这些星座乐享和平，而和平又与争吵混合在了一起。

另外，金牛座是和摩羯座结合在一起的，

可它们的心意却并不怎么乐于缔结盟好；

生于金牛座的人也渴望着拥抱处女座的

降生者，不过它们却经常陷入争执。

生于双子座、天秤座、水瓶座者共怀一心，

630 并同享牢不可破的忠诚之谊，

632 他们在赢得许多朋友方面会取得很大成就。

天蝎座和巨蟹座把兄弟之名赋予它们各自

所生之人，而生于双鱼座的人也并非

635 不与他们同心。但他们也常伴有狡诈的交易：

---

1 指射手座。

天蝎座借朋友之名散播恶幛，

而对于由双鱼座带入阳光下的那些人，

他们不会在心中持久地保有一段固定的情感，

而是不时变换自己的心意，时而背盟弃友，

640 时而又重修盟好，看不见的仇恨在温和外表的掩盖下在外游荡着。

如此这般，你应该就能从星座上辨识出仇恨与和睦。

643 只考虑单独的星座并不足够，

你应该同时观察星座在空中的位置以及行星的方位。

645 星座依天上的角度产生不同的本性，而线[1]也同样改变着力量[2]。

因为四宫组合有特定的法则，三宫组合有特定的法则，

穿过六根弦的线有特定的法则，

横截过天空中央的切割线有特定的法则；

651 因为同一根线是上升还是没入地下，抑或是下降，这存在着差别。

649 所以，宇宙时而增强星座的力量，时而又加以消除，

650 而星辰在那里产生出的怒意，又在行至这里时得以除却。

652 相对的星座之间大都存在恨意，而四宫组合星座，

则常被认为具备亲情关系，三宫组合星座具备的是友情关系。

原因并不难懂，因为整条黄道带上只要处在隔开两个星座的位置，

655 大自然就在那里设置一个天性相同的星座。

“四”作为间隔相等的分界线把天空标记了出来，

神明亲自在它们当中创造了一年的连接点：

白羊座带来了春季，巨蟹座带来了夏季，天秤座带来了

---

1 从下文来看，这里的线指的是把星座串联起来的那根线。

2 从下文来看，这里所说的改变力量（vires mutat）指的应当是增加或减少影响力。

秋季，生性耐寒的摩羯座带来了冬季。

660　而由两具身躯融合起来的星座也并非不是

占有隔开两个星座的位置，所以当然能看到两条鱼、

一对双胞胎、身上具有双重性的处女，[1]

以及由一条绳线把两副身体合到一起的射手座。

单相星座也是如此这般固守着四边形的形态；

665　因为金牛座没有同伴，令人恐怖的狮子座也没有

任何与其结合在一起的同伴，没有伴侣的天蝎座对任何星座

都不感到害怕，水瓶座也被视为单独的星座。

由此，只要处于四宫组合位置的星座

就在数字和时节上显示出等同的命数，

670　并维持着如血亲纽带一般的结合关系。

正是这个原因，四宫组合星座显示出姻亲的特征并为处于亲属地位者

带来帮助，还给出生者打上一致的形象——

683　每当它们穿过四分点[2]，并因宇宙向前的转动

683a　而对大自然产生千变万化的影响的时候；

虽然四分点在把黄道分割成四部分后

也构成了一组四宫组合，可人们并不认为它们遵从

四宫组合的法则；数值上的运用在重要性上要轻于四分点。

673　穿过三个星座并划出三宫组合星座的

弦更长，跨越的距离也更多。

这些星座引导着我们通往可与血缘纽带相媲美的

友情，以及用心灵共同联结成的同盟，

1　请参见本卷176。——英译者注

2　原文cardines，指的是黄道与地平线相交的那两个点，以及黄道与天顶和天底的交点。这四个点决定着星座是上升还是下降。

虽然中间距离相隔遥远，可这些星座仍径自走到了一起，

就这样它们跨过更加遥远的阻隔将我们结合到了一起。

这些拥有心灵相通能力的星座[1] 被认为

680　要胜过那些不时以血缘缔结盟誓的星座[2]。

邻接的星座给近邻提供帮助，六宫组合星座[3]

给来客提供帮助。星座的秩序[4] 如此这般被保留了下来。

687　给星座分配属于它们自己但却在其他星座控制下的那部分天域吧，

再给那部分天域分配属于它们的星座吧；

因为独自给自己施加力量的星座并不存在：星座随转动而融合到了一起，

它们把自己给了那部分天域，反过来又受到那部分天域的给予。

690　这些我稍后将会按固定的顺序讲述到。

出于上述这一切，天理才得以通过技艺[5] 的方式被找回——

在你能够从好斗的星座里把爱好和平的星座区分出来的时候。

现在请用眼睛观察一下外表弱小却分量十足的事物，

而允许描述该事物的名词只有一个希腊语——

695　十二分盘[6]——此名号就表明了原委。

因为，一个星座由三十度的黄道组成，

而每一个三十度之数再被分割成十二份；

于是，算术清楚地表明每一份都有

1　根据上文，这里指的是三宫组合星座。

2　根据上文，这里指的是四宫组合星座。

3　原文直译是"中间间隔一个星座的星座"。

4　指的是四宫组合、三宫组合、六宫组合独特的力量因它们通过四分点而得到增加或受到压制，但不会被改变。——英译者注

5　指占星术。

6　希腊语叫δωδεκατημόριον，由δωδέκατος（十二分之一）和μόριον（份）两个词组成。

两度半。就这样，这些空间便

700 构成了一个十二分盘，而这样的分盘有十二个，

在所有的星座中都存在着。宇宙的那位缔造者

将十二分盘分配给数字相同的发光星座[1]，

结果星座在给予和获得相轮替的命数中结合到了一起，

704 宇宙在各处显露与自己相同的形态，[2]一切星座都在一切星座当中显
露出来，

705 藉由这般的融合，和睦就在黄道上确立了起来，

而星座也会为了共同的利益相互保护起对方。

642 地上的诞生者以此法被创造而出，

707 因此，纵然他们生于相同的星座，

可仍表现出不同的秉性和互相矛盾的喜好，

天性时常滑入更糟糕的境地，女性时常

710 伴随有男子的特征：一个星座诞生的人存在差别，

因为单个星座由于分割了自己所占的度数

并在十二分盘中调整了本身的力量而各不相同。

现在让我颂出它们各自的十二分盘是哪样的，或说它们以什么顺序出现，

以免你因不知道星座是怎样分割的而步入歧途并犯下错误。

715 在一个星座保有的区域内，十二分盘的第一部分由它自己占据，

接下去的部分被分配给了随后的那个星座，

剩下的星座则根据顺序依次得到属于自己的那个部分，

数下来最后一个部分就被分给了离得最远的星座。

如此这般，每个部分都在一个星座当中占据两度半，

---

1 指黄道的十二个星座。

2 指的是，凭借在每个星座中显露标记自己的十二分盘。——英译者注

720 而加在一起达到了

整个黄道当中的三十度。

不过计算方式并不只有一个，计算过程也并非一成不变。

大自然放置真实之物的方式是多种多样的，

它把道路分成了数条，希求探索它的人每一条路都能走。

725 在同样的十二分盘的名称下下列方法亦被人所寻获。

月亮在人出生的那一刻无论占据着哪个星座的几度，

请给它定下三乘以四的数字作为倍数相乘，

因为这十二之数与宇宙中发光的星座数相等。

请记住，要把其中的三十之数分给月亮照亮的那个星座：

730 这数字既包括月亮经过的度数，亦有除此之外该星座缺少的度数；[1]

731 要把三十之数分给毗邻的下一个星座，接下去的星座亦要分得相

同的数字。

732 当上述之数不足三十的时候，那么就将余数

按二又二分之一依序分配下去，

无论余数在哪个星座耗尽，

735 该星座所属的十二分盘就归月亮

占有，[2] 随后星座根据既定的位置

依照顺序占据余下的十二分盘。

---

1 过分修辞的一种说法，意思是"将三十度分配给月亮所在的那个星座，无论月亮实际经过的星座的度数或多或少。"——英译者注

2 根据此处的月亮十二分盘的推算方法，无论是以三十度还是以二又二分之一度，都一律按照星座的顺序向后推算一个星座，这种算法似乎存在不合理性。因此译者猜测，732—734行所提到的以二又二分之一度推算的星座，指的应该是十二分盘下的二又二分之一度部分。也就是先按每三十度确定出一个星座，然后再在这个星座下按二又二分之一度确定它十二分盘下的一个部分。

为了不使后面的讲述让你感到困惑，请从几句话里——

其重要性要大过简短的字面——学习仍以十二分盘称呼的那种事物

740   在十二分盘上有多少度数。

十二分盘的一个部分被分成五份；

因为天上被称作行星的发光星体

就是这个数，它们被分别分配到

半度之数，并在其中握有力量和权利。[1]

745   因此，每颗行星在什么时候位于哪个

十二分盘，这是应该观察一下的；

因为，无论一颗行星进入哪个星座的领域，

它都将在对方十二分盘的力量下施加影响。[2]

万物所依凭的理从四面八方融合在了一起。[3]

750   不过，凡此种种我随后都将以特定的顺序阐释。

现在，通过实践来教授不为人知的事物已足够了，

这样，在掌握了肢干之后信心得以确立起来，

如此这般，整副躯体便能凭借思考轻而易举地描绘出来，

并让我的诗歌能从细节处恰到好处地行进至整体。

755   正如在把字母教给未读过书的孩子时所遵循的过程一样：

首先将它们的外形和名字展示出来，随后再授以其用处，

接着通过把字母组合起来构成一个音节，

---

1   指的是同样以十二分盘为名的行星的十二分盘（以半度为单位）。

2   比如，假设土星（煞星）碰巧占据被分配给木星（吉星）的十二分盘，那它凶煞的影响力就会往吉祥的方向调整。——英译者注

3   曼尼利乌斯居然没有提到行星十二分盘的顺序，不过可以依据上文Ⅰ，807—808所排列的顺序进行推断：土星、木星、火星、金星、水星。

再后来通过拼读音节组合来构成单词，

再往后教授的是义理的解释和语法的运用，

760   然后，诗行才能成型并立于自己的双脚。

为达至高之巅，先逐一习得较基础的事物，此当要务，

因为，如果这些并非牢固地确立在首要之素的基础上的话，

764   指导就会因老师匆匆忙忙地讲解其规则

763   而陷入混乱并白费辛劳，无有所成。

765   因此，当我借诗歌之翼翱翔于整个宇宙，

当命理之歌从深不可测的黑暗中被拖拽而出，

并以缪斯的乐律唱诵而出，当我随着歌唱把神明赖以统治的

神力唤入我的技艺的时候，

我也应该逐步取得信赖，并将事物逐一

770   归入正确的步骤，以至于当每个部分

都被确凿无疑地理解之时，它们就能发挥自己的用处了。

可正如当荒山之上要修造城市，

修筑者决心以城墙包围空无一物的山丘的时候，

在众人试图挖掘沟渠之前，

775   工程就已急速展开了：看，人们毁掉树丛，砍伐

古代的林地，观察未曾观察过的太阳和星座，

从每一处地方驱逐成群的飞禽走兽，

保留下古老的宅邸和著名的居所；

同时，另一些人在找寻石材以垒砌城墙，在找寻大理石以建造

780   神庙，在依据确定的踪迹搜寻坚硬的

铁，由此技艺和各种经验聚集到了一起，

只有当一切物资都大量可取的时候工程才能推进下去，

以免提前付出的辛劳半途而废。

所以，在我力图进行一项伟大事业的时候，

785　　我首先应将理秘而不宣，只提供与所述之物相关的

素材，以免说理到后会变成徒劳无益之事，

又免得在预见不了的新事物面前论证一开始就被惊得发不出声。

现在，请全神贯注地学习四分点吧：

它们总共四个，始终永恒不变地被固定

790　　在宇宙上，凭由星座相继飞翔而过。

一个点从刚出地平线且处于上升阶段的天空向地球望去，

是最先从地平线上看到大地的点；

第二个点从天空相对的那一边与前面的那个点遥相对应，

宇宙由该点告退并一头栽进地下；

795　　第三个点标出了天界的顶点，

福波斯在那里牵住了气喘吁吁的马，

并让白昼止歇，对处于正中位置的影子作出裁定；

第四个点占据最底部的位置，以作为天球的基础而出名，

在那个点，星辰的下降归于终结，并又开启了回归的路途，

800　　从那个点看上升和下降的路程是相等的。

这些点具有超常的力量，它们对命数产生的影响

在这门技艺当中是最有力的，因为整个天球都

完全依靠在那几个点上，就像是永恒的支点一样；

如果它们并不接纳黄道，不接纳连续不断地

805　　处于永恒飞行运行中的星座的话，如果它们

不以位于两侧的和位于顶部及底部的极点固定住星座的话，

宇宙就会飞离开去，它的构造也会崩坏。

然而，每个四分点拥有的力量是不同的，

它们根据所处的位置而不同，并且在等级上也存在差异。

810 首先是控制着天空至高点并将宇宙

从正中间一分为二的那一点，

这个荣登高处宝座的点被荣耀占据着——

显然它就是把守至高之地的称职的守卫——

于是但凡杰出之物它都提出了索求，一切荣耀

815 它都攥在了手里，它还以施加各种荣耀来行其统治。

从那里讨来了欢心、赞誉，以及广泛的支持，

从那里生出了力量以在法庭伸张正义、让世界处于法律的统治下，

用自己的规则与外族结成同盟，

以及增加同个人的命数相关的名声。

820 接下去的那个点虽位于最深处，

可却承载着依靠于永恒根基上的世界，

它的影响在表面上显得稍弱，可用处却更大。

它掌握事物的基础并操控财产，

它在探查，随着矿藏的挖掘欲望将达到何等地步，

825 以及从隐秘之物能产生出何等的收获。

第三个点与光耀升起时的大地处于

同一个水平面上，星辰首先从那里升起，

白昼在那里踏上回程并将时间按时辰[1]进行分割，

因此在希腊诸城邦里它被称作“时出之源”[2]，

830 而且因为对自己这个名字感到高兴而没有外邦之名。

———————

1 原文hora指的是时辰。古罗马时代人们将从日出到日落的时间等分成十二份，每一份就是一个hora（时辰）。
2 原文horoscopos，即希腊语ὡρόσκοπος，意思是“时间的创造者”。

它对生活的裁决和秉性的塑造拥有影响力，

它将给予诸事好运，并引导技艺之路，

它决定了人们降生之后度过的最初时光是怎样的，

他们获得怎样的教育，他们会在怎样的地点出生，

835 这要考虑到行星的支持及其自身力量的融入。

最后一个点将穿行过宇宙的星辰送入地下，

它一边占据着下落点，一边俯瞰着下面的世界，

它关系到诸事的终点和工作的完结，

关系到婚姻、盛宴，以及生命的最后时光，

840 关系到休息、人群的交际，以及对众神的祭祀。

你也不必满足于对每一个四分点进行探究，

应该用心中的记忆记下夹在它们中间的天域，

这些天域拓展出更大的空间并保有其自己的力量。

从初升点至天顶的那片天域

845 对出生后最初的那段时光拥有影响力。

从宇宙至高之巅抵达降没处的那片

下倾的天域继而对青年岁月拥有

影响力，并将柔弱的幼年纳入自己的控制。

在离开降没处往下抵达天底的那一部分

850 统治着成年的生命时光——

那是一段经受无休无止的变化和多变的命运考验的时光。

不过，随着返回初升处下方，那段路程也就结束了，

它以孱弱之力沿向后弯曲的天穹缓慢地

向上爬去，并拥抱着最后的岁月，

855 以及流逝的生命之光，还有风中残烛般的暮年。

无论哪种星盘，上面的每个星座还都受制于

分割宇宙的各个宫[1]的影响；星座所在的位置统治着星座，

并赋予它们吉凶祸福之力，每个星座都一边绕行天球

一边获得力量，并再将之反馈给天界。

860　因为位置的本性占据着高峰，它在自己的领域内

行使权限，并在星座经过时迫使它们

从属于自己的秉性：这些星座时而为自己增加各种荣耀，

时而又承受着荒芜之境带来的惩罚。

初升处正上方且与天顶之间隔着另一个宫的那一个宫，

865　它是灾祸之境，对未来之事表现出凶相，

并四处充斥着祸端；并非只有这个宫，还有那个

与降没处相邻的宫也和它相仿，与前者相对的星辰就在后者当中，

并在降没处之下发出光芒。此宫并不好过前者，

两者分别望着面前的毁灭景象沮丧地从宇宙的一个四分点移开。

870　它们都是打开辛劳的大门：一个向上爬升，另一个向下落去。

位于降没处上方的及与其相对的初升处下方的这两个宫

命数都好不到哪里去：前者面朝着下方，后者背朝着下方

悬停于空，它们或是害怕相邻的四分点会带来毁灭，

或是担心遭对方蒙蔽而坠落过去。它们被认为是提丰巨人

875　理所应当的恐怖居处所在——凶残的大地之母生下了它，

就是在她挑起与天界的战争的时候，而由她所生的

巨人孩子都和她一样身形巨大——不过，它们都被闪电逼回了

1　原文直译是"宇宙的一个部分"（pars mundi），从上下文看，表示将黄道
　　等分成十二份且位置固定不变的十二个宫中的一个。为便于理解，下文凡出
　　现相关概念或词汇，译者都将翻译成"宫"。

母亲的腹中，倒塌的山峰压在它们的身上，

[其中之一的] 提丰巨人就这样被送入了战争的坟墓。

880　当它在埃特纳火山下遭受炙烤的时候做母亲的都为之战栗。

紧跟在天界至高点之后的那个宫

并不比相邻的宫逊色，它怀着

更好的希望升到了更高处，它对奖赏心怀愿景，又对前面的

宫显示出胜者的姿态。完满的状态与至高点相伴相随，

885　因为除了向更糟发展之外它就没别的方向可去了，也没有任何

愿景留待它去期待。

886　正因此，若一个处于毗邻天顶位置而且比天顶

更加安全的宫受到命运女神的神谕（冠以天命之名）所给予的赐福，

就极少会有令它感到惊奇的事物。我们的语言在丰富程度上

极其接近希腊人的，能将事物之名逐一对应到希腊人对它的称呼上。[1]

890　朱庇特居于此宫：就让它的统治者使你相信它该受到敬畏吧。

与此宫相似却又截然相反的是位于天球下方，

并和没入地下的世界之底相接的那一宫，

它在相对的那片天域发出光芒，在军旅生涯结束后

感到劳累的它又注定会再度踏上新的艰苦历程，

895　因为它即将背负起四分点[2]所在处的轭套和强大的命数，

它尚未感受到世界的重量，却已经渴望得到这种荣耀了。

希腊人管它叫魔灵宫[3]，此名号尚未用罗马人的话

翻译过来。请在心里小心安置那个强大有力的

1　希腊占星家通常把第十一宫称作ἀγαθός δαίμων（好神宫），把第五宫称作ἀγαθή τύχη（好运宫）。——英译者注

2　指天底。

3　原文Daemonien，原型可能是希腊语δαίμων，有灵物、邪灵的意思。

神明的处所、神明之性，以及名号吧，

900　以便往后这能再度被派上用处。

这里主要承载着我们的健康变化以及

由盲目的死亡飞矢挑起的战争，

成对出现的偶然之力和神灵之力相互交织在了一起，

以时好时坏的难以捉摸的命数发挥着影响。

905　不过，那些跟随在正午点——天层从那里首先开始了下降

并从世界的顶端弯曲而下——之后的星辰，福波斯

用它的光芒哺育着它们。在福波斯的影响下它们决定着

我们的身体在它的威力下会得到什么吉凶祸福。

那个宫位有个希腊语名称，叫作神灵宫[1]。

910　与它相对着发出光芒的是从天底处再度踏上上升之路

并重新返回奥林匹斯山的第一个宫，

此宫操控着兄弟间的生死命数，

并由福柏[2]来当它的主宰，她看着兄长[3]的

王国在其对面的天空宫位发出光芒，

915　而对方则将终有一死的命运映在了她正在消退的脸庞边沿。[4]

这个宫以罗马人的话来称呼叫女神宫，

而希腊人的话也是用相同的词来称呼它的。

可在天穹上，当上升的斜面抵达顶峰，

向下的坡路也已开启的时候，

920　当天顶高悬于降没处和初升处的中间，

1　原文Deus，乃拉丁语"神"的意思。

2　即古希腊神话中泰坦一族的光明女神，从上下文看，她似乎也司掌着月亮。

3　即泰坦一族中司掌太阳的许珀里翁（Hyperion），此处实际指的是太阳。

4　指的是月相圆缺。

并使宇宙处于左右平衡状态的时候，

维纳斯声称群星中的这一居处是属于自己的，

将自己的美貌安放在宇宙的表面，

并以此统辖人类之事。这一宫被授予了

925　统辖婚姻、新房、喜炬[1]的力量，

而上述统辖范围也适合于维纳斯，属于她标枪投掷的范围。

那个位置名叫幸运宫——且记得，

我要在冗长的诗歌里抄捷径啦 ——

不过，宇宙向下沉降着，压在与之相反的那个四分点上，

930　贴到了基础，并从半夜时分深沉的黑暗

仰望着地球的另一面，在那个宫，萨图尔努斯[2]

施加着自己的力量：它从曾经的

宇宙的最高大权及诸神的宝座上陨落而下，[3]

又作为父亲对发生在父辈身上的事件

935a　以及老者的命运施加力量。

937b　希腊语中它的名号叫

938　魔物宫，这指代的是与其名字相符的力量。

1　原文taeda，本意是用松枝做的火把，从上下文看此处应指罗马人结婚时用的婚姻之炬。按照罗马人的传统，新娘在出嫁当天需身穿婚纱、头戴花冠、以亮黄色面纱遮脸，并由一名年轻男子以供奉女方家神的圣火点燃火炬，带领送亲队伍走向新郎家里。当他们到达新郎家时，迎亲的队伍需用新郎家的水和用供奉男方家神的圣火点燃的火炬进行迎接。最后，在伴娘把新娘送入新郎家门的时候，新娘需要说："ubi tu Gaius, ego Gaia"（你是盖乌斯，我就是盖亚）。这时，新郎需要回答："ubi tu Gaia, ego Gaius"（你是盖亚，我就是盖乌斯）。表示他们俩已是一家人。

2　原文Saturnus，本意是古罗马神话中的古老神祇之一，司掌繁殖、丰饶、财富，等等，在占星中亦表示土星。

3　在古罗马神话中，萨图尔努斯乃上古大地女神盖亚（Gaia）与天神乌拉诺斯（Uranus）交合后所生。他随后阉割了父亲并夺取了天神大权，可最后他手中的大权终被自己的孩子朱庇特夺走。

现在请再注视一下正从第一个四分点¹ 往上升的

940　　世界，初升的星座从那里重新开始踏上它们习以为常的

轨迹，一轮新日从冰冷的水波向上

游去，一边逐渐发出金红色的火焰，

937a　　一边试图踏上崎岖之路，

945b　　而白羊座也在这一点朝着奥林匹斯山前行。

943　　迈亚² 所生的昔勒尼乌斯，大家称道，这座神庙是你的，

你以明亮的外观而出众，这般的名称³

945a　　作家们亦将之赠予了你。

935b　　下述两者同在此处唯一者的

936　　庇护下：孩子和父亲。

946　　因为大自然已将降生者的一切命运都放在

里面了，而且从中也悬有父母的祈愿。

现在还剩下降没处的一个位置了。它让下落中的宇宙

朝地下俯冲下去，并埋葬了星辰。

950　　它向前望到了福波斯的背部，而此前看到的则是面部；

因而若是它被称为暗冥之门并掌控

生命的终结以及死亡的门闩的话，那不必感到惊奇。

在这里连白昼都会消亡，是大地将它从世界上

偷走，并把它关在了黑夜的牢狱中的。

955　　此处则将捍卫信仰和坚定心意当成

自己的分内事。踞于那里的力量是如此之大，

1　指初升处。

2　即墨丘利的母亲，司掌春天和生命。

3　暗指名称Στιλβών（闪耀之物），乃占星术中墨丘利（水星）通常的名
　　称。——英译者注

以至于它唤来并埋葬了福波斯，它接纳并交出白昼，

又让白昼消亡。你必须以如此这般的法则

标记诸宫的力量：整个星座的序列都

960　从它们这儿飞翔而过，星座从它们那里得到它们的法则，

又将自己的法则交给它们；诸行星也如大自然准许的那样

按特定的顺序从它们那儿穿越而过，并将不同的力量

施加给诸处天域——只要在它们占据着不属于自己的

国度并逗留于他方异处的营地的时候——

965　我将在诗歌的特定地方再诵出与行星有关的这些事，

现在，对天界之宫及其名号的记述已足够了，

对各个宫位的影响及其间诸神的讲述也已充分。

这门技艺的缔造者曾给这类宫起过名字，

叫八宫 [1]，以反方向飞过这些宫位的行星，

970　它们的运动会以各自的顺序运行。

1　原文 octotropos，意思就是八宫，但显然作者在上文一共叙述了十二宫（dodecatropos）而非八宫。此处是抄写时遭改动还是作者另有他意，学界尚无定论。

第三卷

当我升上新的高度并勇于从事超越我力量之事的时候，

当我毫无畏惧地徘徊于荒无人烟的林间空地的时候，

缪斯女神，快指引我吧。我正试图拓展你们的

疆域并将未知的宝藏带入诗歌。

5 我不会述说一开始就要毁灭天界的战争，

不会述说被闪电之焰埋葬进母亲腹中的孩子，[1]

也不会述说共同起誓的希腊诸王，以及特洛伊陷落之际

赫克托的尸体是如何被赎回火化的，是如何被普里阿摩斯[2]运回的，

我也不会提科尔喀斯那位将父亲的王国和弟弟被撕碎的尸体

10 卖给爱欲之欢的女子[3]，英雄们的收获，

公牛们喷出的野蛮之焰，不息不眠的龙，

返老还童之事，被金子点燃的火焰，

生于邪恶且在更大的邪恶中被杀的孩子；

也不会歌唱美塞尼亚人负有罪责的经年累月的战争，[4]

15 抑或是七位将领以及借助火之闪电得救的

底比斯的城墙，还有因曾经的得胜而被击败的城市，[5]

1　指的是提丰巨人，关于此事，请参见上文Ⅱ，875—880。

2　古希腊神话传说中特洛伊的国王，曾请求希腊联军一方的将领阿喀琉斯归还特洛伊大英雄赫克托的尸体。

3　指美狄亚（Medea）。美狄亚和已取得金羊毛的伊阿宋（Iason）一起逃离科尔喀斯，返回希腊的时候，埃厄忒斯王（Aeetes）派美狄亚的弟弟阿布绪尔托斯（Absyrtus）前去追回他们。美狄亚亲手杀死了弟弟，并把尸体分成数块，抛于各处，以便让父亲忙于收尸而无法立即追上他们。

4　美塞尼亚人居于伯罗奔尼撒半岛西南地区，前8世纪中叶随着斯巴达的逐渐强大，为争夺伯罗奔尼撒半岛的霸权，美塞尼亚人与斯巴达人之间进行了三次旷日持久的战争。

5　此处提到的应该是古希腊神话传说中的七英雄远征底比斯的故事。在攻打底比斯时，七位英雄之一卡帕纽斯（Capaneus）在攀登城墙时被宙斯的闪电击毙。七位英雄殒命战场，底比斯得胜，他们的儿子决心为父报仇，十年后再次攻打底比斯才攻克了那座城邦。

我不会叙述那些对父亲来说又是弟弟，对母亲来说又是孙子的人，[1]

抑或享用亲生子的盛宴，[2] 为此星辰反转，

白昼无光；我也不去提及波斯人向广袤之地发动的

20　战争，以及躲藏在大海中的庞大舰队，

凿通陆地变成海峡，在海涛之中修筑道路；[3]

也不会述说那位伟大君王[4]的事迹——歌颂这些事迹

比实现它们要花费更多工夫——以及罗马之族的祖先，

罗马城有多少位将领就有多少回的战争与和平，还有

25　整个世界全都听命于唯一一人的律法，

这些都被推延不述。迎着顺风扬帆航行，

以各种不同方式耕作肥沃的土壤，此非难事；

为金子和象牙增光添彩亦属易事，因为

物质本身未经改造就会发光。将光彩夺目之事缔造成

30　诗歌、谱写成朴素之作乃寻常之举。

可我必须通过数字和未被人知的事物之名，

1　指家族乱伦。此处指的应是古希腊神话传说中俄狄浦斯（Oedipus）弑父娶
　　母的故事，底比斯王俄狄浦斯杀死生父并娶生母伊俄卡斯忒（Iocasta）之
　　后生下了两男两女，因而从血缘上说，这些孩子对他们的生父俄狄浦斯来说
　　既是孩子又是同母的弟弟和妹妹，对他们的亲生母亲伊俄卡斯忒来说，他们
　　既是孩子又是儿子的孩子。

2　古希腊神话传说中的故事。阿特柔斯（Atreus）因发现妻子与兄弟梯厄斯忒
　　斯（Thyestes）有染，就以邀请兄弟共享盛宴为由，将梯厄斯忒斯的儿子杀
　　死，烹饪之后供其享用。

3　此处指的是波斯王薛西斯（Xerxes）对希腊发动的战争。关于这场战争的
　　描述，参见佐西莫斯的《罗马新史》（Zosimi Historia Nova），Ⅰ，Ⅱ，2：
　　"［薛西斯］在大海上铺天盖地布满了舰船，陆地上密密麻麻布置了士兵，以
　　致自然元素似乎都无法支撑远征的部队，他只能改变它们原先的状态。他
　　建起了一座横跨赫勒斯滂海峡（Hellespont）的浮桥以让步兵通过，还开
　　凿了一条穿越阿索斯山（Athos）的水道以让舰队行进其间犹如在大海上
　　一样。"

4　指亚历山大大帝。

通过时节以及各种命数和宇宙的运行，

通过星座的变化和它们诸多门类之中的门类

进行搏击。把超越认知之事道出是件多么伟大的事啊！

35   以合乎体统的诗歌道出且又要符合固定的音步是件多么伟大的事啊！

无论谁，只要能把耳朵和眼睛的注意力转移到我的事业上，

快来这里吧，快聆听真理之言吧。

请用你的心灵去理解，请不要追寻华美的诗歌：

内容本身无需受到装扮，需要被讲授出来。

40   而若是有名词被用外邦的语言称呼，

那么要怪就该怪作品，而非诗人：并非一切事物

都能被译过来，以其本来的语言称呼更为妥当。

现在，请集中心思来注意一下首要之事：

将它解释出来，就会给予你巨大的好处，

45   就会在技艺中给予你通达望见宿命的确定路途，

如果能用敏锐之心将它藏起并好好加以理解的话。

隐匿不见的事物的源头与守护者，大自然，

它顺着宇宙的堡垒缔造起了伟大的构造，

还用展开的星辰将悬停于四方中间位置的地球

50   围绕起来，它按特定的顺序

把不同的肢干结合成一副躯体，

并吩咐气、土、火、水相互

提供彼此的养料，

以便能让和谐在那么多不同种类的元素中占据支配地位，

55   能让宇宙在互联互惠的同盟中屹立不倒。

为了不让有什么被排除在至大之体外，

为了让宇宙诞下的事物由宇宙亲自进行支配，

大自然还缔造了受制于星辰之下的人类的命数和生活，

而星辰在永不停歇的运转中能为诸多事件的胜利，

60   生命的荣耀，以及名望申明缘由。

至于那些可以说被布置在中间位置、占据宇宙中心部分的

［黄道］星座，它们穿过福波斯、月亮，

以及诸行星，而自己又被这些星体穿过，

大自然给了它们支配权：它向每一个星座

65   献上了特有的相互关系，并将所有的星座都按其分布固定在了天上，

以便命数之理能从各个部分取得并汇集成至大之体。

人类之事可能出现的纷繁多样的境况，

一切可能的劳动、活动与技艺，

以及人的生命中可能发生的一切变故，大自然将上述这些

70   纳入了命位[1]之中，它把它们分配进了与星座数量相等的

天域[2]里，并为各天域安排固定的权限，让每一个都保有其特定的

功能。它以此般固定不变的体系在星辰当中布置出了

人类的整个状况记录，以至于在邻接的星座中

一片天域始终处在另一片相同天域的一旁。

75   它将上述这些活动所属的命位逐一分配给每个星座，

这些命位并非待在天空永恒不变的位置上，

它们希望返回相同的地方，并被引导着

对人类的所有活动施加同等的影响；它们会根据出生时的

位置以及从星座到星座的移动得到其本身的位置，

---

1 原文sors，意思是"命运，命数"。从上下文看，此处命位是根据人出生时的星座位置进行排序的，而不是像宫位那样按照固定的四分点进行分割。

2 这里所谓的黄道天空中的一部分指的就是下文提到的命位。

80   而且每个命位会在不同的时间移向不同的星座，

以便命格能通过诸星座获得崭新的形态，

但不是以无规则运动的方式扰动一切的。

可是，当分配给第一命位的活动所属的那片天域

在人出生之际得到其本身的位置的时候，

85   余下的命位按顺序依次依附于随后的星座。

这一序列跟随在打头者之后，直至在黄道上组成一个圈。

被分配给星座的人事的外观便是这些——

每个人命运的总体概况就在其中——

轨道上的七颗星对它们或带来凶灾，或带来吉祥，

90   抑或随着神明之力推动宇宙穿过四分点，

非吉即凶的命运也如此这般地逐一降临到每个命位，

如此这般那般的命位一定受到［人们的］期待。

我将会按通常的顺序颂出上述全部命位，

并指明它们各自的名号和所属事物的范畴，

95   以便这些活动的位置、名称、类属得以揭示出来。

第一命位被授给了命运 [1]。这是它在占星之艺中

为人所识的名号，因为在它当中包含有属于家的

不可或缺的首要之事，以及一切和家相关的事物：

奴隶数目的多少，所获耕地的大小，

100   允许建造的屋舍规模大到何种程度，

是在闪着光的天空中行星抵达和谐位置的时候。

紧跟其后的命位属于军事，无论什么只要

1　或命运女神。

能在战争中发生的，抑或降临在那些居于他乡之城的人

身上的，都在这一个名号之下组合到一起。

105　排在第三的命位分得了都市活动——

这也是由政治活动构成的一类

军事——并包含有与信任相联的羁绊；

它塑造了友谊，塑造了时常白白耗费掉的

义务，并揭示祭祀获得的回报可以达到多大的程度，

110　当宇宙与布置好的羿辰一起处于和谐之下的时候。

大自然在第四命位安置了法庭事务

与诉讼之运：讼师道出控词，

被告者仰赖辩护人的话语，受制于讲述的力量，

裁决者向平头百姓显示法律的奥秘，

115　并对争讼加以斟酌，以其通常的庄重了结争议，

因为真相的裁定者除了真相之外不会再顾及其他。

无论什么，只要讨论法律时凭借口才就能

实现的，都汇聚在这一片天域之中，

并且服从于居主导地位的行星的指令。

120　穿过星座，第五个位置被授给了结合，

它掌控着同盟者，让宾主之间的关系得以联结的

盟约以及把朋友结合起来的相似盟约就在其中。

在第六命位中，大量的财富以及丰腴的物质

被安排到了其中：根据行星力量的变化和

125　宫位的支配力，两者之一指明财富的程度，

另一个则显示出能持续多久。

如果行星在星座之中处在凶煞的位置，

第七命位被认为是充满悲惨危险的恐怖命位。

尊贵地位占据着第八命位，组成其中的有：荣耀的

130　地位、名声达到的程度、出生尊卑、亮丽外衣

产生的名气。第九个位置占据着出生者的

一切不定之数、双亲的忧惧，

以及同抚养婴儿相关的所有事物的集合。

与之相邻的将是包含生活行为的命位，

135　其中决定了我们的秉性，以及每个人的家庭

是在何种传统之下塑造起来的，还有奴隶是以何种

特定方式完成分别交给他们去做的任务。

第十一命位所处的那部分天域是特别的，

它对我们整个人和力量保持永恒的支配，

140　组成其中的有健康状况，随着行星对宇宙产生的影响，

身体时而免于疾病的困扰，时而受到疾病的侵袭。

没有别的命位和它一样会寻求治疗的

机会和施加的时机，抑或根据那个时间 [1]

治疗会更有效，生命药剂的调配也会利于康复。

145　在依序结束整体叙述之前，最后一项

活动关系到的是目标的达成，它包含有一切

许愿的实现，并保证每个人为自己和自家人

所付出的努力和技艺不至于白费。

某位出生者是提供自己的服务，还是听命于他人的每一次呼唤，

150　是通过法庭诉讼进行尖锐的争讼，

抑或在海上寻找命运，在风中追寻运气，

抑或憧憬大丰收之后的超出消耗所需的丰沛粮食，

---

[1]　指出生时刻。

抑或求得流淌出甘美葡萄汁的收获之季——

在这部分天域里，[1] 上述时日将会被确定下来，

155　如若行星在星座间运行时正处于吉位的话。

至于那些行星发挥出的力量是吉是凶，我随后

在开始详述它们影响的时候，再按既定的顺序

道出。现在，为了不使繁复的叙述让大家

感到困惑，坚持道出梗概就已足够了。

160　鉴于黄道带[2] 上按顺序排列的事务

连同它们各自的名称和力量鄙人都已进行了讲述——

希腊人称之为按二乘以六之数分配排列的

囊括全部生活之事的试炼之位[3]——

现在，应该诵出的是，它们在什么时候依附于什么星座。

165　因为它们并非固定在永远不变的位置上，也并非在每个人

降生之际都依附于相同的星座，而是随着时间发生变化的，

在星座的环带上时而移向这里，时而移向那里，

不过是在既有的顺序保持完好的情况下。

因此，为了不让错误的表象打乱了命格的推算，

170　如你想要将每一项事务都运用到各自的星座当中，

那请在所有星座中寻找到命运［第一命位］的位置吧，

那处位置是充满苦难的诸试炼之位里首先被述及的部分。

在你对上述命运之位作出准确判定之后，

1　指在第十二命位中。

2　原文直译为"确定的环带"。

3　原文athla，指的是古希腊神话传说中大英雄赫拉克勒斯要完成的十二项试炼
　　任务。

把剩下的命位依既定的顺序与跟随在后的星座

175 依次结合起来，以使每个命位都保有属于自己的位置。

为了不让你在开始寻找命运之位时恰又

迷失掉方向，请用两个步骤来确定其正确的位置。

当你了解到出生时间的同时又通过行星在星座的位置

记下天空的外貌的时候，

180 如果福波斯正在占据其初升处或

占据其没入水波处的四分点上方[1]运行，

那你就能肯定出生者是在白昼之时降生的。

不过，若它在下方的六个星座中发出光芒，

即位于从左右两边握住黄道的［两个］四分点之下，

185 那么出生者便是在黑夜之时降生的。

当你有把握辨识出上述这些的时候，

那么，如果出生者碰巧在滋养万物的白昼时降生，

你就按从太阳到月亮的顺序[2]数一下其间的

星座度数，再从初升点——人们在将星辰仔细归类之后

190 将这个点称为时出之源——数完相同的度数。

然后，当这个数字数完，无论落在哪个星座上，

那个星座就是命运之位。接着，剩下的试炼之位

都和各自的星座联系在一起，全都按其固定的顺序排列在后。

然而，当夜幕如漆黑之翼般遮盖世界的时候，

195 若有谁正好在那时脱离母腹，

那请反转路径，就像大自然的顺序被颠倒过来了一样。

这时就要从始终反射兄长福波斯的光芒并

---

1 显然指的是当太阳位于地平线上方。
2 显然是从降没处往初升处的方向数的。

统辖着属于自己的黑夜时间［的月亮］寻求指引；

福波斯从［月亮］那里数过来[1]经过多少度数和星座，

200　闪烁光芒的时出之源[2]就吩咐人们从它开始数出相同之数。

这个位置归命运占有，而其他试炼之位则紧随其后，

它们全部都按大自然安排的顺序排列。

也许你会问——这个问题应需机敏之心才能回答——

如何能够在时出之源从没入下方的世界

205　升起之时确定它就是属于出生者的。[3]

若非凭借敏锐的理性加以理解，

占星之艺的基础就会崩塌，秩序就不得和谐；

因为如果操纵一切的四分点不正确，

那么宇宙就会呈现出虚假的表征，源头也就变得模糊不清，

210　星辰游走并随宫位的移动而偏转。

可是，这是有多么重要就得付出多少辛劳的事情：

在宇宙以永恒的轨迹飞翔着穿过星座的时候，

就以弯曲的弧度对整个环带进行表现，

描绘其真实的面貌，并在如此规模的

215　构造中判定出极小一点的位置——

它或是初升处的那部分天域，或是占据宇宙之巅的

216a　顶端，或是藉由它在没入水波之际

217　迎来降没处，或是处于环带的底部。

1　即从月亮往太阳方向数过去。

2　即初升处，下同。

3　时出之源（初升点）本身并不会从地平线下升起，但是人降生一刻的那个初升点却是在黄道上保持固定的。在地面上的人看来它就从地平线下升起，并恰在人出生那一刻与地平线平齐。

我对下列通常的计数方法并不感到陌生，

这种计数法将每两个时辰分配给一个正在上升的星座，

220　　并将星座当作空间恒等的均等之物，

据此，从福波斯踏上轨道的那部分天域开始

把累积到的时辰总数全分摊到星座上，[1]

直至正好抵达出生的那一时刻，

停在哪个位置，那里的星座据称就是正在上升的星座。

225　　不过，星座之环是依靠在一个有斜角的环带上的，

一些星座升起时肢体是弯曲的，

而另一些在升起时姿态更笔直一些，

这取决于当星座离［昼夜等分］点近还是远的时候。

巨蟹座不乐意地结束了的光，冬季又不情愿地将它带了回来，[2]

230　　［太阳在天空划出的］环带在前者有多么长，在后者就有多么短；[3]

天秤座和白羊座则让昼夜回到等分。

因此，处在中间位置的两个星座与处在两端的相抵触，而处在最

低位置的星座与处在最高位置的相抵触。

夜晚的时间与白天的相比并无任何差别，

只是在相反的月份里保持着相同的变化。[4]

235　　昼夜有如此不均等的时长差异和变化

幅度，谁能够相信所有星座都是按照

1　显然是按照从天顶往初升处的顺序推算的。

2　这里的意思是，落在巨蟹座的夏至点过后白昼开始变短，而落在摩羯座的冬
　　至点过后白昼开始变长。

3　在北半球夏至时太阳高度角最高，因而太阳在天空划出的轨迹是最长的；反
　　之在冬至时就是最短的。

4　北半球夏至时白昼最长，黑夜最短；冬至时白昼最短，黑夜最长。

统一的宇宙法则升上空际的？

另外，一个时辰的长度并非固定，每个时辰

与下一天的这个时辰相比也非等长，而是如同白昼的长度

240　　在变化一样，它们的长短也在增加和减少着。

虽然如此，可无论日头运行在哪个星座内，

有六个星座处在大地之上，有六个在大地之下。

鉴于时辰之间的不一致性导致其长度并不均等，

因此，星座并非都能够在两个时辰内升上天，

245　　如果整个白昼之下真保有二乘以六之数的时辰，

而这个数字常被用作计数，却不被严格使用的话。

对你来说，将不会有任何别的方式来确定追寻真实事物的踪迹，

除了在把白昼和黑夜分配进均等的时辰中 [1] 的同时，

查明一年中不同时节里白昼和黑夜的长度，

250　　并首先通过精确计算一个时辰来创造出固定的标准，

而这一 [标准] 时辰经过一增一减均等地衡量白昼和黑夜。

当夜晚 [的时长] 在天秤座中正要超越白昼时，抑或在春分时日

夜晚 [的时长] 正要被白昼压过的时候，就会出现这种时辰。

因为确实只有那个时候，时间才将二乘以六之数均等地

255　　延展到时辰之上，因为福波斯正运行在奥林匹斯山的正中间。

当它在整个冰冻的冬季移到南方

并在双相星座摩羯座的第八度天域 [2] 发出光辉的时候，

1　曼尼利乌斯在这里提出的是以春分昼夜等分那一天为标准，设定出标准的
　　时辰。

2　而在后续的讨论中，曼尼利乌斯（或者说他的理论来源）显然将夏冬至点和
　　春秋分点算作发生在星座第一度。——英译者注

此时短暂的白昼减少到九又二分之一

春分时辰 [1]，而忘记了白昼的黑夜时辰则

260   增加到了二乘以七——以免数字对不上——

外加二分之一。如此一来，由大自然缔造的昼夜总和

被完好地分成两个十二之数，并重新合到一起组成完整之数。

从那一点，黑夜变短，白昼变长，

268   在星座中它们时而以上述方式进入其中，时而以下述固定渐变的

方式进入——对后者人们凭借技艺就已获得了清晰的

270   记录，这将在诗歌中的适当地方再行讲述——

264   直至突进到燃烧着的巨蟹座；

在那里白昼和黑夜的交替变更为冬季的时辰，只是相互

颠倒了，白昼替代的是冬季黑夜的时长，黑夜替代的是

冬季的白昼，这时［与冬季相比］是相反的时节占据着上峰。

271   它最终成为尼罗河泛滥下两岸土地宽度的度量——

当尼罗河的水流因夏季的洪水漫溢而出的时候，

它流经七处窄道和出海口，在搅动海水的同时，

模仿起了宇宙中行星的数量。

275   现在，快用敏锐之心来学习一下星座上升和降落时

要经过多少个半度 [2]，要耗费多少时间，

以免在寥寥数语间隐没了巨大的益处。

引领一切星座的高贵白羊座

升起时经过十乘以四之数的半度，落下时经过的是

1　此处严格翻译应该是"春季时辰"，但表达的意思显然是太阳落在春分点时
　　的时辰，即上文提到的等分昼夜时长的标准时辰。

2　原文stadium，指的是黄道上的半度。

280   上述数字的两倍；升起时占据一又三分之一

时辰，落下时翻倍。然后其余的星座在升上

天球的时候逐一递增八个半度，

没入寒冷的黑暗时也按相同数字逐一减少。

每个星座上升时逐一增加四分之一个时辰

285   外加上述部分的十五分之一[1]。

这些上升星座遵从这类增加方式一直到

天秤座：当星座在地球下面穿过时

则按相同的数字逐一减少。从天秤座开始，

星座再重新按相同的渐变方式返回，

290   不过却是顺着相反的时节倒走。因为，白羊座上升时

经过多少个半度或时辰，天秤座就下降多少；

白羊座占有的下降空间与降落时经历的

时间就由天秤座上升时完整保持下来。

随后的星座沿着反向顺序依次延续下去。

295   当人们理解到上述这些并在敏锐之心中将之置入的时候，

对你来说，无论何时确定哪个星座正在上升已属易事，

因为按固定的时间段计算星座的升起并

以精确的时辰之数来记录它们，以便

你能从福波斯所处的那个星座开始

按我已揭示出算法的那种单位计数，这成了可能之事。

301   但是，昼夜的长度在每一处地方并非都是

---

1 原文直译是"上述四分之一个时辰的五分之一的三分之一"，即六十分之一
 个时辰。

一样的，而上升的时长也并非按等差的增量

发生着变化：虽受同一原理支配，但变化量却存在差别。

因为，位于转动白羊座和天秤座的

305　那条线[1]底下的大地，

所有星座上升时每个都经历两个时辰，

因为宇宙从中间被垂直切了开来

并在地平线上方均匀地绕着圈。

在这条线上，昏暗的黑夜与白昼永远都在和平之下

310　结合在一起；时间以平等的盟约持续下去；

无常宇宙的欺骗把戏并未显示出来，

而是一个相似的黑夜跟在另一个相似的黑夜之后，恒久不变；

秋分点让所有星座都感到满足，春分点也是，

因为不偏不倚的福波斯找寻的就是一条恒定的路线。

315　在这条线上，太阳经过哪个星座——它无论炙烤着

徘徊在岸边的巨蟹座，还是由相对的那个星座[2]承载，

317　抑或在处于正中间的两个星座[3]中，又或者在四者之间的任一星

座中——

318　没有丝毫不同，因为，虽然星座的环带倾斜着划过

三道弧线[4]，可这三道弧线却是以垂直环带的形式

320　升上头顶，又垂直降落到地底，

它们上升固定的距离，时长都是均等的，

而且天球又被完美地分成两半，宇宙也一半可见，一半不可见。

1　春分点落在白羊座，秋分点落在天秤座，因此穿过这两个点的线指的就是赤道。

2　指摩羯座。

3　指白羊座和天秤座。

4　指南北回归线和赤道。

可一旦你离开这部分大地，

你的足迹就让你走到更远的地方

325 并跨过大地弯曲的坡度到达极点——

大自然以平滑之土将大地打造成了一个圆球

并悬停在宇宙的正中央——

因此，当你攀上球状的世界，在攀爬的同时

又是向下移动的时候，一部分大地将离你而去，

330 另一部分将朝你而来。可当你让世界弯曲多少，¹

旋转着的天空，其天轴线就倾斜多少，

方才在垂直弧线上升起的星座现在

则沿着一条弯曲的轨迹被拉上了空中，

之前横穿天空的星座之带现在

335 则将在倾斜的环带上移动了，因为星座之带保持着不动，

我们的位置却在变化着。由此，依理得出的结论是，

在这样的地点上，时间也会产生波动并致使白昼

长短不一，因为倾斜的星座

以弯曲的队列描绘出各啬的轨道，

340 当有一个星座在相对较近的地方降没，另一个就会在较远处落下。

[视觉]长短与[相隔的]距离成反比：离我们最近的

升起时看上去就会穿过更大的天界弓穹；

在最远处发出光芒的便急急地没入黑暗之中。

无论谁只要有多接近冰冷的大小熊星座，

345 冬季星座²就从眼前退出多远，

---

1 根据上下文，实际的意思是"当你往极点方向走过去多少"。
2 从上下文来看，这里指的是北半球冬季太阳所在的星座。

并且刚一升起就要落下了。[1] 假如有谁从那里

继续走到更远的地方，[冬季星座] 将逐一隐没各个部分，

并每个都带来时间上不间断的三十个夜晚，

同时夺去数量相等的白昼。如此这般，白昼

350　在短暂停顿之后随着时辰的减少，它很快

伴随星辰在空中的退却而消耗殆尽并渐渐消失不见了。

在 [白昼的] 时间一点点被夺走之后，越来越多的星座

因挡在中间的弯曲大地而无法看到——

大地编织黑暗之网，同时又拐走了福波斯——

355　直至月份耗尽，岁时终了。

可若大自然允许人们处于天极之下的话——

冰冷的极点以坚硬的构造支撑起了天极——

在正望着向下俯瞰的吕卡翁之女[2]的那个世界上方，

在永恒的积雪与封冻的那个世界上方，

360　将出现一副垂直天宇的景象，天空随着边际的转动

以垂直旋转的方式进行着运动。

从那个地方，你能看到的只有靠在一条弯曲环道上的

六个星座，这条倾斜的弯带将永远不会离开视野，

而是将绕着圆形的宇宙转圈。

365　只要是在这里，一个白昼将会有六个月之久，

这个白昼会不间断地持续半年，

福波斯将永远不会落下——因为在整个这段时间当中，

它顺着自己的轨道穿过了二乘以三之数的星座——

1　意思是，只要越接近北极，冬季时就会看到太阳所在的星座离自己越远，越
　　接近地平线。因此它们升起没多久就会落下。

2　卡利斯托（Callisto），即大熊座。——英译者注

而是将绕着垂直的天球一边飞驰一边旋转。

370　然而，当它一头向下冲到赤道之下的时候，

　　　它的战车驶向位于下方的星座，

　　　并在加速下降的同时放任自己的骏马飞驰，

　　　在天极底下，单独一个夜晚就将黑夜的长度拉长

　　　至相同的［六个］月。因为，无论谁，只要从极点

375　看去，都会看见球形宇宙整个天球的一半，

　　　位于下方的那部分则隐没不见；因为直行的视线

　　　并不在它那儿弯曲而行，而是只延伸到中间鼓起的地方。

　　　因此，当福波斯驾行于六个没入下方的星座期间，

　　　它避开了来自地球彼端的观察者的双眼，

380　同时又从星辰那里夺走白昼并留下

　　　黑暗，直至经历过相同的［六个］月的退离

　　　它再度返回并向大小熊星座爬升为止。

　　　上述那个位置[1]把每一年分成黑夜与白昼

　　　两部分，并分别落在被分开的地球的半个球面上。

385　鉴于已道出了昼夜时长差异的变化

　　　以及产生变化的原因，现在就学一下星座

　　　无论在哪里需要多少个时辰升起和落下，

　　　以便能精确推算出星座升起时的度数，

　　　而不让时出之源因不准确的计算陷入错误的境地。

390　上述信息将一律凭借特定的法则被探寻出来，

　　　因为，既然星座在运动方面各自存在着巨大差异，

1　指极点。

就无法用任何可想到的计算来记录各自的时长与度数。

就让每个人都踏上由我定下的路途，并循着

自己的足迹独自向前走去吧，就让他们将这种技艺归到我的账上吧。

395　任何想要求得上述信息的人，无论在大地的哪个部分，

让他们依据各自的时辰来决定白昼最长之日的

昼夜时长——那一日位于巨蟹座之下并被最短的黑夜所环抱——

无论太阳位于哪里，让他们把最长白昼时长的六分之一

分配给巨蟹座之后紧邻着的狮子座；[1]

400　而黑夜的长度也一样被分割成

数量相等的部分，

以便其中之一可被分配给倒着走的

金牛座作为其初升时升起的时长。

请将上述时辰与狮子座获得的

405　时辰之差分成三份，

将其中的一份[2]分给双子座，即上述之数加到金牛座的

时长上，同样的数也累加到了巨蟹座以及类似的狮子座上，

411　不过是按照这种特定的法则：排在后面的星座始终完整保留

前面星座的总数并在此基础上加上新的数字。

408　就这样，根据前面的星座计算到狮子座，其总和正是

方才由狮子座分得的那部分时辰[3]。

然后，再让处女座按等差增加的时长往前推进。

1　以本卷256—269提到的情况为例，若白昼最长时可达十四又二分之一个春分时辰，与此同时，黑夜将变成九又二分之一个春分时辰。那么，此处提到的分配给狮子座升起的时长则接近二又二分之一个春分时辰；下文提到的分配给金牛座升起的时长则略超过一又二分之一个春分时辰。

2　根据上述例子，即三分之一个春分时辰。

3　根据上述例子，即二又二分之一个春分时辰。

413 星座按上述被分割的时辰长度累积增加直至天秤座，

又从天秤座之后开始按相等的时辰长度加以减除。

星座上升时它们升起的时长，无论长短，

将会在它们没入黑暗时再沿相反的方向布置进各星座。

上面便是绕星座带一圈的［各星座升降的］时辰图景，

417a 现在快把精力放到学习

418 下列之事吧，即每个星座升起和落下时经历多少个半度。

半度之数总共四加三然后乘以一百再加二十，

再从上述总数中减去部分数值：该数值所占的比例

等同于当福波斯在至高的奥林匹斯山上经过夏至点时

夏季夜晚的时辰对于一天的全部时辰之间的比例。[1]

按上述数值扣除之后，请将余下部分平均分成

六份，并把六分之一交给闪耀着光芒的狮子座。

425 此外，归到黑夜名下的那部分数字

［也按上述方式分成六份，］其中一份将分给金牛座。[2]

在数量上两者相较，比后者多的或比前者少的那部分——

即将两者总数分割开来的中间之差——

其三分之一加上金牛座的数字后

430 被分配给了双子座。[3]然后，其他星座在

以等差的增量往前推进的同时又始终保有上个星座的数字，

---

1 以本卷256—269提到的情况为例，若白昼最长时可达十四又二分之一个春分时辰，与此同时，黑夜将变成九又二分之一个春分时辰。那么，这里提到的比例会是9.5比24，然后再按这个比例从720中扣除9.5的那部分（即285）。

2 根据上述例子，按9.5比24的比例，从720扣除9.5的那部分数字（即285）之后，余下的六分之一（即72.5）被分配给狮子座，而被扣除的那部分数字的六分之一（即47.5）被分配给金牛座。

3 根据上述例子，即分配给狮子座的72.5减掉分配给金牛座的47.5，得到25之数；25的三分之一加上金牛座的47.5，便是双子座的数字。

并逐步扩大相邻星座的数字总和，

直至它们抵达公正的天秤座；

从那个星座，它们再按［增加时］相同的数值逐渐减少，直至

435　抵达白羊座的领域。所有星座在降落时

都遵循相反的法则得到或失去［与升起时］等量的数值。

上述道路将指出如何通达半度之数的总和，

并在所有星座中算出每一个的上升时长。

一旦你好好掌握了上述方法以及星座的各自时长，

440　时出之源在任何地方都将不再迷惑到你，

因为你能够根据精确的时间计算出各个星座

距离由太阳占据的那部分天域的度数。

现在让我来解释，当冬季之月的白昼开始增加时，

增量是多少——因为当白羊座迫使白昼和黑夜

445　都背负起相同轭套的时候，冬季之月

并非按等差之数往前通过所有的星座的——

这是个重要的法则，应简单讲授一下。

首先你需要测量在摩羯座下度过的

白昼最短亦即黑夜最长之日 [1] 的时辰之数，

450　黑夜保有的时辰数超出平均之数的那部分，

也就是白昼缺少的那部分，取其三分之一， [2]

并始终将之分配给中间的那个星座 [3]，在留有上述之数的同时，

1　显然指的是北半球的冬至日，那一天太阳刚好进入摩羯座。

2　黑夜保有的平均时辰数即12。假如根据本卷下文457—458提到的情况，冬至之日黑夜的时长比白昼多6个春分时辰，那么黑夜就是15个春分时辰，白昼就9个，此处的计算方式便是：（15-12）/3，或（12-9）/3，结果是1。

3　指冬季三个星座的中间那个，即水瓶座。冬季星座第一个星座即摩羯座，最后一个星座即双鱼座。

减去其一半之数分配给第一个星座，加上其一半之数分配给

最后一个星座：[1] 于是就把所有时间都分配掉了。

455　以上便是三个星座享有的增加量，不过排在前面的星座

和中间星座的数字要合并起来并转移到后面的

星座上：于是，假如冬至之夜恰巧比白昼

长六个时辰，那么摩羯座的白昼就

增加半个时辰，水瓶座就给自己带来

460　一个时辰，再将之与排在前面的那个星座的数字

加到一起，双鱼座为自身得到的时间［增量］

就跟它从前面那个星座的份额获得的一样多，[2]

它在累积了三个时辰之后就把黑夜与白昼

移交给白羊座以和春季的时间对齐。

465　一开始，被分配的时间以六分之一往前行进；

接下去的那个星座将此数值翻三倍，

而最后一个星座再将取得的数值翻两倍。[3] 因此，白昼的总数

473　得以恢复，黑夜在减少到昼夜均等的程度之后

便清偿了债务，反过来又开始从自己的份额里

468　向白昼借出按相反的规则逐渐减少的时长。

1　根据上述例子，二分之一被分配给摩羯座，一又二分之一被分配给双鱼座。

2　水瓶座得到的时间增量为一又二分之一个春分时辰，所以双鱼座为自己获得
　　的时间增量就是一又二分之一个春分时辰，同时它又得到了水瓶座的一又
　　二分之一个春分时辰。两者相加就是双鱼座总共的时间增量，即三个春分
　　时辰。

3　此处的基数是黑夜保有的时辰数（15）减去昼夜平均数（12），即3，因此
　　一开始的摩羯座得到的六分之一就是二分之一个春分时辰，接下去的水瓶座
　　翻三倍便是一又二分之一，最后的双鱼座再翻两倍也就是3。这些数值加上
　　白昼最短之日的白昼时长9个春分时辰，就分别得到摩羯座（9.5）、水瓶座
　　（10.5）、双鱼座（12）的白昼时长。因此双鱼座最后得到12个春分时辰，
　　也就达到了昼夜均分，并与春季星座白羊座对接。

因为，白羊座从夜晚减去多少时辰

470　就和先前双鱼座从自己名下拿走的一样多，

给到金牛座的是一个时辰，双子座继而又增加半个时辰，

并将之累加在前面星座的账目上。因此，最后一个星座对应着

475　第一个星座，而在相邻位置发光的星座也有着

相同的物力，位于中间位置的星座也是如此。[1]

它们奉上特别多的增加量以形成不同的时节。

以上便是从冬季星座开始岁时之环发生旋转，

黑夜渐渐减少，白昼渐渐延长的顺序，

480　直到夏至出现在行动迟缓的巨蟹座[2]之下为止。

那时，黑夜与冬季的白昼相对应，漫长的白昼

与冬夜的时长相对应，并踏上一条与其增加时相似的返程之途。

无论何时，只要星座离开水面并返回世界，

下述方法也能指引通达那个上升星座的路途。

485　因为，如果要通过白昼找到时出之源，那么你就得

弄清楚是在白昼的哪个时辰，再以十为倍数

乘在这个数字上，随后再以五为倍数把乘积

加到上面，因为无论在白昼的哪个时辰，

星座都以三乘以五的倍数为度数升上宇宙。

490　待时辰之数找到之后，请记得，还要将福波斯

在该星座经过的度数加到上面。

你需将上述总数按每个星座得到三十之数

———————————

1　因此双子座分得的时辰增量和摩羯座一样，金牛座和水瓶座的一样，白羊座
　和双鱼座的一样。

2　因为在巨蟹座，太阳停留的时间最长。——英译者注

121

进行分配：第一份被分给福波斯正照耀着的

那个星座，接着分到的是紧随太阳的下一个星座。

495 然后，当上述数字耗尽并停下时所在的那个星座，

以及它扣完总数之后留下名号的那个度数，

将会成为随火光一起升起的那个星座以及［时出之源的］度数。[1]

497a 〈如果要在夜晚找出时出之源，那么过程也是一样的，因为你将

再一次从太阳所在的星座往回数去，只是数字计算更为费力。要

弄清黑夜的时辰并乘以十五之数，再把太阳在那个星座经过的度

数加到上面，接着再加上一百八十，以便计算时将白昼〉[2]

的度数也包含进去。当你得出一个总数的时候，

按三十之数逐一分给每个星座，

500 直至这个数字耗尽，然后无论在哪个度数，

只要数字在哪个星座当中耗尽，你都可以相信，那一点就是随

人类之躯一起诞生，并在诞生的同时以火光看着地球［的时出之源］。[3]

你应该用上述方式在快速运行的星辰中找出

宇宙的诞生之处，并通过其固定的升起来寻找时出之源，

505 以便当精准带来的可靠在第一个四分点[4]下驻停的时候，

---

1 以出生时刻为日出后第四个时辰为例，那时太阳在双子座10度的位置：
4×15，等于60；加上太阳经过双子座的10度之数，得到70。从70中，分30
给双子座，分30给巨蟹座，因而结束于狮子座。所以，时出之源将会在狮子
座10度。在这一点上，文本的一些诗行已散佚，但它们的内容清楚地涉及黑
夜的过程（参见485），并很容易就能重构出来。——英译者注

2 标记497a行的拉丁语原文缺失，此处译文根据英译者补充译出。

3 以出生时刻为日落后第四个时辰为例，那时太阳在双子座10度的位置：
4×15，等于60；加上太阳经过双子座的10度之数，得到70，再加上180，
得到250。分给双子座、巨蟹座、狮子座、处女座、天秤座、天蝎座、射手
座、摩羯座各30之数，留下10。所以，时出之源将会在水瓶座10度。——英
译者注

4 即时出之源。此段的意思是，当准确确定时出之源之后，就能进一步确定天
顶、降没处、天底，以及行星的升降和星座的影响。

天顶之巅将无法迷惑到你，

急速的降没也迷惑不了你，而天底则将安置在最深之处，

星辰的升起与落下将被准确地确定下来，

星座也将重新回归自身的力量与命数。

510　现在，让我把生命中的特定时段分门别类地归入星座中；

而星座也被分配给了属于它们自己的

年、月、日，以及白昼的时辰当中，

并在这些时段里逐一展现各自的力量。

生命中的第一年将属于［出生时］太阳照耀的那个星座，

515　因为太阳耗费一年周期穿越宇宙；

紧接着，之后的年份被陆续按星座的排列顺序分配给星座。[1]

月亮送出的是月份，因为它走完轨道要耗费一个月。[2]

时出之源将最初的时辰与时日纳入

自己的庇佑，并把［后来的］交给随后的星座。[3]

520　因此，大自然希望年、月、日，甚至时辰

能在星座带上被列数出来，

正如每一个时段都能被分配到各个星座上，

并根据绕行时它对黄道带上各星座产生的变化

而随星座的顺序改变自己的影响。

525　事物在岁月的流逝中会呈现万般无序之态，

1　比如出生时太阳在水瓶座，那出生的那一年属于水瓶座，第二年属于双鱼座，往后每年按星座的顺序类推下去。

2　同样地，出生时月亮在水瓶座，那一个月属于水瓶座，接下去那个月属于双鱼座，往后各月按星座的顺序类推下去。

3　如果出生时正穿过时出之源往上升的星座是水瓶座，那么那一天或那一时辰就属于水瓶座，往后各天或各时辰所属的星座就按星座顺序依次类推下去。

善与恶相伴，成与衰相随，

无常的命运遵循不定之律，这便是其缘由：

那种无常无序到了这般地步，以至于没有一处地方是保持不变的，

每个人命中的一切都因变化而失去了人们对它的信赖。

530 年与年、月与月并无相同之处，

永不相同的一天在毫无结果地寻找着一模一样的自己，

时辰也不会被引向任何相同的时辰，

因为时间各不相同，它们按飞驰中的年岁的各个部分

进行了划分，并遵从于各自特定的星座，

535 还让星辰映照出活物的生平与命数，

而只要星辰发生变化，这些生命与命数就随之发生变化。

还有一些人赞同的体系是：自那个从天际处——

[占星之艺的] 缔造者称之为时出之源——初升的星座开始，

由于白昼的时辰从那里开始计算，

540 各类计算都依据时间和星座被推演出来；

年、月、日，乃至时辰都由此唯一之源起始，

并再移交给随后的星辰；

不过，即便所有时段都是从共同的源头生出的，

可它们的进程却存在着不同，因为它们中的一些走完一圈费时更久，

545 另一些费时更短。一个时辰在一天内

与每个星座交会一次，[1] 一天在一个月内交会两次，

---

1 我们知道一整天理应有二十四个时辰，而黄道的星座是十二个，所以按正
常的理解一个时辰与同一个星座交会一次的周期理应是两天。这里有两种
理解：一种是认为曼尼利乌斯说的"天"一词只表示白昼（请参见本卷下
文555），因此此处的时辰只是白昼的十二个时辰；另一种认为此处的"时
辰"当指黄道弧度的计算单位（请参见本书 I，563a—590，曼尼利乌斯使
用了"分钟"一词来计算弧度），即"天时"。

547 一月在一年内交会一次，而一年在二乘以六的太阳运行周期内交
     会一次。

548 对一切时间尺度来说都在相同的时间下同时绕行，
     以至于年、月、日、时辰同时在一个星座中

549a 保持一致，此非易事：时间之序本身存在着差异。

549b 那些经历温和星座所属的年份的人却常常

550 生活在残酷的月份下；假如月份落在较幸运的
     星座，一天所属的星座却常常是悲惨的；
     假如幸运眷顾着那一天，时辰却常常颇为艰难。
     因此，任何一物都不应该完全依赖自己：
     年不应完全依赖自己的星座，月不应完全依赖绕着圈的年，

555 白昼不应完全依赖月，每个时辰也不应完全依赖白昼，
     因为，一些时段有时飞速赶到前头，有时又拖延不前；
     一个时段时而弃另一些时段而去，时而又与它们相伴相随，在不间断中
     或离去或返回，并在属于日的不规则命数的扰动下，
     改变着对另一个时段产生的影响。[1]

560 我已经讲授了，各个时段中
     在某一时候将迎来哪种生活，以及每一年、每一月，
     同时每个时辰、每一天分别属于哪个星座，

---

1 由于黄道有十二个星座，我们有十二个时辰和十二个月，时辰之带和月之带
  将始终保持恒定，即任何一天的第一个时辰和任何一年的第一个月都将落在
  同一个星座，第二、第三，由此往下，也是如此。但根据罗马人的历法，鉴
  于一个月有30、31、28（29）天，日之带很快就不合步伐了。比如，假如1
  月1日被分配给白羊座，那1月13日、1月25日、2月6日、2月18日、3月2日、
  等等将会被分配给白羊座，2月1日落在摩羯座，3月1日落在双鱼座，等等，
  由此便产生出了一个不规则的环带。——英译者注

现在我应该讲述另一种包含人类寿命之数

的计算，并揭示出人们认为的每个星座会奉上多少年寿命。[1]

565　　当你通过星座寻找寿命长短的时候，你应该

对这种计算保持关注，并记下一些数字。

白羊座将给予二乘以五外加一减去

三分之一[2]。你，金牛座，再增加二；

不过双子座又以相同之数将你超越；

570　　巨蟹座，你将给予二乘以八外加二分之二；

狮子座，你将给予二乘以九外加三分之二。

处女座有的是两个十和两个三分之一，

而天秤座的年份不会多于处女座的。

天蝎座和狮子座给予的赠礼相等。

575　　射手座的赏赐与巨蟹座的一样。

摩羯座，假如能再补上四个月的话，你就会献上

三乘以五之数[3]。水瓶座将四年乘以三倍

另外再加上八个月[4]。

白羊座既在命数又在范围上与双鱼座相依相合：

580　　它们将授出十个太阳周期另附上八个月[5]。

为了不让算法向生命限度的计量者隐藏，

1　曼尼利乌斯并未提到这里指的是太阳所在的星座还是穿过初升点的上升星座，不过根据上文Ⅱ，946所述，初升点所在的那个宫位包含了"降生者的一切命运"，由此推测，这里所说的可能是上升星座。

2　即十又三分之二。

3　即十五年减去四个月：十四又三分之二个年。

4　即十二又三分之二个年。

5　即十又三分之二个年。

了解星座拥有的固定年岁并不足够：

在行星构成的局面呈现出吉兆的情况下，

宫位以及天上的天域也有自己的赠物要给予，

585　并将自己拥有的数字按确定的额度进行分配。

可现在我要颂出的仅仅是宫位的法则；

再往后，当构成万物的物质被充分理解，

且未与分散在各处的肢干混淆在一起的时候，

整件复杂的构造才将显示出它们全部的力量。[1]

590　如果月亮在宇宙重返大地的第一个四分点[2]上

处于吉位，而且又在初升时占据上升之位，

那么生命历程将延续到八十减二年。

可当它停驻于天顶之巅的时候，

上述之数将被减掉三年。

595　降没处拥有二乘以四十个太阳运行周期，

若不是在此数字上少掉一个奥林匹克周期的话。[3]

天底最深处被认为有三十乘以二个年头

外加二乘以六个收获季节[4]。

较先升起的三角形右侧那一角[5]

600　授出六十加上二乘四个年头。

跟随于排在前的星座的左侧那个角

1　这里似乎预示着对行星影响的描述，但在诗人现存的作品中却没有找到这部
　　分内容。——英译者注

2　即初升点。

3　一个奥林匹克周期即5年，所以这里指的是75年。

4　即72年。

5　以初升处为顶角，在黄道上划出等边三角形，另两个角所处的宫位分别在天
　　顶右侧和天底右侧，而这里以初升处为正方向的右侧指的是前者。

将三十年翻倍后再加上三年。

与从四分点升起的第一个星座间隔一个星座，

且又紧邻天顶的［从初升点往天顶数］第三个命位[1]，

605　　它将三乘上二十，并拿走三年。

在地下那头［与初升点］相隔相等距离的

那个命位以五十个冬季达成它的赠礼。

时出之源在其上方升起的那个位置

重复十乘以四个太阳回归周期

610　　再增加两圈轨道，并将此年数留给尚且年轻的人。

而排在初升点前头的那个[2]

则给予出生者二十三个年份，

并在花开之际就夺走还未怎么品尝过的年轻之龄。

位于降没处上方的那一宫派来的是三乘以十个

615　　年头，并再按十分之三之数对其加以扩大。[3]

处于下方的那个会在人还是孩子时将其杀死，在度过二乘以六个

生日后，尚未成熟的身躯便会交付给死亡。

虽然如此，可首要之事便是，人们必须以记忆之心记下

从天空相对位置升起并标记出

620　　用均等间距把天空分割开的星座。

这些星座被称作回归星座[4]，因为一年的四个季节

1　整个黄道带可以被均分成十二个宫位或十二个命位，因此单就表示黄道的天
　域而言，宫位与命位在形式上有可能会重合，虽然此处指的显然是宫位而非
　命位。

2　原文直译是"排在上升中的四分点一侧的前面的那个［位置］"。

3　结果是33年。

4　即南北回归线和赤道经过的星座：巨蟹座、摩羯座、白羊座、天秤座。

在这些星座中间轮替着，它们解开连接的纽带，

给围绕天轴旋转的整个宇宙带去改变，

还为事和物披上新的外观。

625　巨蟹座在夏季黄道的顶端发出光芒，

它将白昼延长到极限，再以慢慢退回的方式

逐渐减少，它从白昼那里减去多少时间，

就在黑夜上增加多少：两者总和保持着一致。

那时，人们忙着将谷粒从脆弱的麦秆上剥下，

630　又光着身子在郊原[1]上操练各种军操，

而大海下沉后又覆盖在温暖的海水上。

那时，野蛮的马尔斯挑起残忍的战争，

斯基泰[2]无法凭借严冬保护自己，已成干燥之地的

日耳曼尼亚奔逃而窜，尼罗河则涨溢而出，淹没耕地。

635　上述便是当福波斯在巨蟹座里

抵达夏至点并移至奥林匹斯山巅时出现的景象。

在相反的另一边，摩羯座迫使缓慢的冬季

穿过再短暂不过的白昼和再漫长不过的

黑夜，并开始增加白昼，消除黑暗，

640　它时而从白昼减去时间，时而又增加了回来，轮流发生。

那时，每块田地都被封冻，大海不通航船，军队扎下营地，

1　原文campus应该指的是罗马城内位于台伯河东岸的一片平地campus
　　Martius，也被译成"马尔斯郊原"。那处地方常被用作军事操练场。
2　亦被译作"西徐亚"。斯基泰人是指当时居于黑海北岸及顿河流域一带的游
　　牧民族。

霜晶覆盖的石头也忍受不了仲冬之寒，

大自然则停留在此处安歇片刻。

人们称，那些均分白昼与黑暗的星座在影响力上

645　与上述星座极为接近，并显示出相似的变化。

因为，白羊座在福波斯返回巨蟹座的时候，

在其踏上归途至归程告终之间将它俘获，[1]

并在把宇宙一分为二的同时令昼夜之时合拍；

待福波斯反转顺序，离开天秤座，吩咐

650　黑夜超越并战胜白昼，再吩咐黑夜作出屈服

直至抵达夏季星座巨蟹座。

那时，[2]大海首先在平静的波涛下平息了下来，

陆地也敢于让各种花朵盛开；

那时，鸟兽在快乐的觅食中迅速交配并

655　匆匆繁衍，整个林地都发出了悦耳之声，

叶子也都完全变成了绿色。

星座之力对大自然的影响是如此巨大。

与上述白羊座相对的天秤座以相似的命数向后方

射去光芒，因为它也以均等法则对待白昼与黑夜，

660　只是它吩咐之前被白昼胜过的黑夜

开始增加时长，并一直持续到仲冬时节为止。

那时，心满意足的酒神从挂满榆钱的榆树降下，

1　太阳的归程是从摩羯座开始的，白羊座标志着这段距离的正中位置。——英译者注

2　指的是当太阳位于白羊座（即在春分）的时候。

丰腴的汁液从挤压过的成串葡萄中冒着泡流了出来；

那时，人们把谷物交给犁沟，[1]而敞露在秋季温暖气候下的

665　　大地在得到安歇的同时，又握到了谷粒。

上述四个星座在占星之艺中有着巨大影响，正如它们

对时节作出改变那样，也会对这些或那些事的发生作出改变，

并不许任何事物保持其最初的状态。

不过贯穿所有星座，这些变化并非都是一致的，

670　　而在一整个星座里，一年中的季节也并非都在发生变化。

一个白昼无论在春秋两季中的哪一个，只要天秤座和白羊座

塑造出秋季和春季，在时间上就和黑夜等长。

整个巨蟹座里的一个白昼时间最长，

与之相称的是摩羯座等长的黑夜：

675　　其他日子的昼夜时长时增时减，相互轮替。

因此，在回归星座当中只需找到一个度数，

那部分天域可以推动宇宙，可以变换事物的时节，

可以变更已做之事，可以使计划偏离既定的目标，

可以让万物调转至相反方向并颠倒它们的运动。

680　　有些人把上述力量归在了星座的第八度天域；

又有些人则相信它是属于第十度天域的；也并非没有人主张，

将这种时间的影响力和操控力赠予第一度天域。

1　指谷物成熟并掉落。

第四卷

我们为何在焦虑中耗费生命；

为何因恐惧和盲目的欲望而遭受折磨；

为何在永无止境的忧虑中老去；为何在我们需要寿命时

就会失去寿命；为何让沉浸在无边无际的愿望中的我们

5 始终处在想要活又永远活不了的状态？

在财富面前人人都是更穷的人，因为都想要得到更多，

没人在计算自己拥有之物，只求渴望得到没有的。

虽然大自然自己的需求并不大，

我们却把能导致巨大毁灭的物体越建越高，

10 我们用收益买来奢靡，又用奢靡买来强取豪夺，

直至财富给予的最大意义变成挥霍财富为止。

终有一死的众生啊，请解放心灵，放下顾虑，

请让你们的生命从没有用处的抱怨中脱离吧。

命运掌控着世界，万物的维持都依照着固定的律法，

15 既定的事件分配进了漫长的时间。

我们出生时就走向了死亡，终了之时受制于初始之刻。

由命运产生了财富与统治，以及更为常见的

贫穷，出生时命运赐予人们技艺与秉性，

缺点与美德，损失与收益。

20 没有谁能放弃授予之物，也没有谁能保有未予之物，

没有谁凭借许愿就能获得未赐予的天命，

或躲过即将来临的命运：每个人都必须承受自己的命数。

如果命运对生和死不给出律令的话，

那大火是否真会离埃涅阿斯而去；因一人的幸免

25 得以免于毁灭的特洛伊是否真会在毁灭之际取得胜利；

或者马尔斯的母狼是否真会哺乳曝露在外的［罗慕路斯和利莫斯］兄弟；

罗马是否真会从屋寨成长起来；牧羊者是否真会

把闪电带入卡皮托山；

或者朱庇特是否真能够被关在自己的堡垒[1]中；

30　　世界是否真会被俘虏们俘虏；姆奇乌斯[2]是否真会

用伤口之血浇灭火焰并以胜者之身返回罗马城；

贺拉斯[3]是否真会单枪匹马对发起进攻的敌军阻断

通往桥与城的通道；那名少女[4]是否真会打破条约；

三兄弟[5]是否真要倒在一人的勇气之下？

35　　如此伟大的胜利并不是由哪支军队取得的：那时罗马

全仰赖于一位英雄，虽注定会统治世界，可仍陷入绝望之中。

我为何还要去说坎尼[6]和对准城墙的武器，

38a　　以及以溃逃而出名的瓦罗与

39b　　以拖延而成名的费边[7]？

39a　　为何还要去说在你——特拉西梅诺湖——之后，[8]

38b　　当胜利在握之时，

40　　战败后的迦太基，卫城钻了轭门，

1　指的是由牧羊人建立起的卡皮托山上的雷神朱庇特祭祀。——英译者注

2　指盖乌斯·姆奇乌斯·夏沃拉（Gaius Mucius Scaevola），关于此人，参见上文Ⅰ，780之注释。

3　指贺拉斯·科克勒斯（Horatius Cocles），关于此人，请参见上文Ⅰ，781之注释。

4　指少女克莱莉娅（Cloelia Virgo），关于此人，参见上文Ⅰ，780之注释。

5　指库里阿奇乌斯三兄弟与贺拉斯三兄弟对决的故事。关于此事，请参见上文Ⅰ，779之注释。

6　坎尼之战连同下文提到的执政官瓦罗的败逃和独裁官费边的拖延战术，这些都是第二次布匿战争中的著名事件。

7　指昆图斯·弗边·马克西穆斯（Quintus Fabius Maximus），关于此人，参见上文Ⅰ，790之注释。

8　前217年，迦太基名将汉尼拔在特拉西梅诺湖北岸大胜由执政官盖乌斯·弗拉米尼努斯（Gaius Flaminius）率领的罗马军队。

而汉尼拔料定自己已落入我们的枷锁，

便以不光彩的死亡受到了灭族的惩罚？

请再补充上拉丁战争[1]以及同自己人

进行战斗的罗马；还再加上内战，以及

45 一见到马略就战败了的辛布里人和［随后］战败入狱的马略。[2]

多次出任执政官的流亡者，流亡归来后又出任执政官的那位，

他遭受的挫折堪比其避居的利比亚人[3]的废墟，

他从迦太基的残砖断瓦出来，随后占领了罗马城：[4]

如果不是遵照命运的安排，这种事真的永远不会有机会发生。

50 伟人［庞培］啊，在战胜了米特里达梯[5]的军队之后，

在让大海［从海盗劫掠下］恢复之后，在从横贯世界的战争中

取得了三场凯旋式之后，谁真会相信，当你已能

称自己是另一位以伟大为名之人[6]的时候，你将要在尼罗河的岸边

身死陨灭，仅以船木燃起的火焰焚化尸身，

55 以船底残木当作火葬堆？

若无命运之理在的话，谁能作出那般巨大的变化？

当他以胜利者的身份顺利终结了内战，

并以和平之法执掌起统治之后，连这位生于天界、归于天界的人[7]

都无法逃脱曾被多次预言到的

---

1 即罗马人与同盟者之间的同盟者战争（Bellum Sociale）。

2 此处提到的应该是盖乌斯·马略（Gaius Marius）战胜辛布里人，到头来又在同苏拉的内战中遭到失败。

3 即布匿人。

4 从内容上看，这里提到的似乎是马略和苏拉之间的内战，攻占罗马城的便是独裁官苏拉。

5 黑海南岸本都王国的国王，前121年—前63年在位，统治期间与罗马人交战频繁，最终被庞培击败。

6 庞培和亚历山大都被称作Magnus（伟大者，大帝）。

7 指的是尤利乌斯·恺撒。

60 　伤害：在全体元老们的睽睽众目之下，

　　他用自己的血污抹除了握在右手里的阴谋信息以及参与者的名字，[1]

　　结果命运能够占据到上峰。

　　我为何要讲述被摧毁的城市、被废黜的王，

　　为何要讲述火葬堆上的克洛伊索斯[2] 和岸边普里阿摩斯[3] 的躯壳，

65 　并认为对后者来说特洛伊就不是火葬堆了？为何要讲述

　　失事船只多过海洋可承受限度的薛西斯？为何要讲述那位

　　以被俘奴的血统被立为罗马人之王 [的塞尔维乌斯·图利乌斯]？

　　为何要讲述从火中得救的火，以及虽毁坏神庙却屈从于一人的火焰？[4]

　　多少次，死亡不期而至降临在健康的躯体上；

70 　又多少次，它挣脱自己的躯体，徘徊于葬礼之焰！

　　有些人被送去安葬却从自己的葬礼归来，

　　后者这样的人有两条命，而前者连一条都差点没有。

　　看呐，轻微疾病夺人性命，较重的疾病却饶人性命；

　　医术无效，合理的方法受到抑制，

75 　治疗造成伤害，而姑息常能奏效，拖延常能终止

　　凶事；养料常产生伤害，而毒药常带来裨益。

　　子辈丧失父辈的优点，抑或超过他们的父母，

1　据说，在元老院遇刺当天，有人给恺撒送去信件，密告刺杀阴谋及参与者，可他收过信件后至死都未打开阅读。

2　古代吕底亚之王，波斯王居鲁士在战场上将他俘虏并送上火葬堆，打算活活烧死，在那个时候他向居鲁士说出梭伦同自己的谈话，博取了对方的同情，随后又向阿波罗祈祷，从而免于一死。

3　特洛伊战争中的特洛伊王，特洛伊一方战败后，据说其身首异处的尸体出现在了海岸边。

4　指执政官（前251年）卢西乌斯·切奇利乌斯·梅特路斯（Lucius Caecilius Metellus），面对维斯塔神庙的大火，为保住神庙内的圣火及其他圣物，他冲入火中，拯救了圣物，却也为此双目失明。

保有属于自己的天性。天命因一人而起，

也因一人而灭。有人爱欲之火焚身，

80　竟能游过海峡[1]或毁灭特洛伊[2]，

另一人正派稳重，适合拟定法律。

看呐，子辈弑杀父亲，父母杀死孩子，

兄弟披挂战甲，兵戎相见，相互攻伐以致体破流血。

84　这种征伐并不属于人类事物：如此之事是在命运的驱使下才付诸

实施的，

85　其间人们还要承受施加给自己的惩罚甚至肢体的损伤。

并非每个时代都曾出现过德西乌斯[3]那样的人，出现过卡米勒斯[4]

那样的人，出现过遭受失败却精神不败的加图[5]：

达成目的的潜力绰绰有余，但他仍凭借命运法则进行抵抗。

贫穷之人并非得不到较长的寿命，

90　而生命之数也不是用巨大财富买来的。

可命运女神偏从宏伟的屋堂夺来死亡，

她为最高贵之人安排火葬堆并分配墓冢。

竟然能对王下达命令，这样的王权多么伟大啊！

再者，不幸的是美德，而幸运的是罪恶；

95　粗浅之谋得来回报，而深谋远虑则不得报偿；

命运女神也不过问缘由或计较得失，

而是毫无差别地在一切人之中漫无目的地游走。

1　指的是古希腊神话中海洛（Hero）和利安得（Leander）的故事。为与爱人幽会海洛，利安得每天晚上都要游过达达尼亚海峡。

2　导致特洛伊毁灭的爱显然指的是帕里斯和海伦之间的爱情。

3　关于此人，参见上文 I，789之注释。

4　关于此人，参见上文 I，785之注释。

5　即老加图，关于此人，参见上文 I，797之注释。

显然，为了让终有一死之物屈从于自己的律法，

还有另一种更大的事物在约束并主宰着我们，

100　它让人降生并在他们诞生时决定他们的寿命

和命运的变化。它经常把野兽的身躯

同人类的肢体结合到一起，不过那东西

将生不出后代。我们与野兽到底有什么共同之处，

又有哪位通奸者曾以这般征兆受到过惩罚？

105　是星辰塑造出新的样貌，是天界播下了这些怪相。

总之，如果命运之序不存在的话，它为何会展现出来，

一切在特定时间就会降临的事物又为何能被预言到？

虽然如此，可上述推断并非到了要替罪恶进行辩护

抑或要从自己的赠礼中夺走美德这样的地步。

110　譬如，没有人会因为毒草不是凭自己的选择

而是从确定的种子里长出来的，就减少对它们的恨意；

美味之食也并非因为是大自然赠予的果实

而不是凭自身意愿给予的，就更不受人喜爱。

因此，就让人类的美德保有更大的荣耀吧，

115　因为他们把赞誉归于天界；再者，也让我们愈加

憎恨邪恶者吧，因为他们生来就要遭受指责和惩罚。

邪恶，无论从哪里生出的，都该被当成是邪恶。

我对命数之法作出这番讲述，也是命定之事。

经我上述阐述，现在剩下的就是按已确定的顺序

120　缔造起通达天界的阶梯，以便对引导

通过蜿蜒小径抵达星辰的预言者带来益处。

现在，让我依序向你宣布星座赋予的

秉性，占据主导的品质，追求之物，以及不同的技艺。

长有浓密羊毛而且在剪下之后

125   又会再长出新毛的白羊座始终怀揣希望；

它要从突如其来的灾难变身成富裕者，

却会遭到失败，它的愿望将引导其走向毁灭，

它将给予平头百姓自己的果实，

那便是用上千种工艺带来的收益不同的各种羊毛：

130   有时是堆在一起的新剪下的，有时是捋过的，

有时是拉成毛线的，有时是织成织物的，

有时是为了谋利而做成用来买卖的衣物；

没有哪个民族能摒弃这些东西，即便

并不身陷于奢靡之中。雅典娜已把这些她断定是有价值的

135   事物置于自己的股掌——这么做是相当重要的——

而且还把打败阿拉克涅[1]视作其伟大的象征。

白羊座授给降生其中者的追求和技艺便是这些：

在焦躁的胸膛里它会塑造出一颗疑虑不定的心，

并始终巴望着出售自己以换得赞赏。

140   金牛座将给乡野带来淳朴的耕耘者，

并以辛劳之身进入平静的生活当中；它不会献上赞誉，

但会给予大地生出的果实。它在星辰中垂下

项颈，并亲自要求把一副轭具套在自己肩上。

---

1 古罗马神话故事中的人物。她曾与智慧女神密涅瓦比赛织布，后因失败而自杀。

　　　　它用角驮运福波斯的那颗球体，

145　　它向大地发动攻势，并亲自挂帅领导劳作，

　　　　将休耕中的乡野唤回至先前的耕作中，

　　　　而它并不在犁沟中躺卧，也不在尘土中放松胸膛。

　　　　它诞下诸位塞拉努斯[1]和库里乌斯[2]，它扛着法西斯穿过

　　　　田野，它丢下犁具变成了独裁官[3]。

150　　它喜爱未被颂扬过的荣誉；它的心灵与身躯从缓慢移动的

　　　　巨大块头中获得力量，而男孩丘比特则住留在它的脸上。

　　　　来自双子座的是较轻松的追求和较惬意的生活，

　　　　提供这些的是不同的歌声和优美的旋律之音，

　　　　是细管芦笛，是和着弦乐的乐词和

155　　天生的乐音：甚至辛劳本身都成了快乐。

　　　　它希望远离武器、军号，远离悲伤的暮年，

　　　　而属于它的则是安逸以及在爱情中度过的永恒的年轻时光。

　　　　它还寻得通达星辰的道路，用数字和测量

　　　　完成对天球的勘查，并在星辰移动前就作出预言：

160　　大自然在它的天赋面前变得低微，而它也在万物之中作出贡献。

　　　　双子座结出的成果是如此之多。

1　指第一次布匿战争期间罗马人的海军将领、执政官盖乌斯·阿提利乌斯·雷古卢斯·塞拉努斯（Gaius Atilius Regulus Serranus）及其家族。

2　其中的一位应该是大英雄马尼乌斯·库里乌斯·登塔图斯（Manius Curius Dentatus），关于此人，请参见上文 I，787之注释。

3　指的是卢西乌斯·昆提乌斯·辛辛纳图斯（Lucius Quintius Cincinnatus）那样的人。关于此人，参见尤特罗庇乌斯的《罗马国史大纲》，I，17："卢西乌斯·昆提乌斯·辛辛纳图斯被推举为了独裁官，那时他正亲手耕作着属于自己的四亩地。找到他时，他正在地里劳作着，接着他擦去汗水，披上了带紫边的托袈袍。"

巨蟹座一边在四分点上朝燃烧着的折返点 [1] 发出光芒——

当返回时，福波斯在轨道上绕行至高处——

一边占据着宇宙的关节点并让白昼时长开始减少。

165　具有坚持不懈的精神，又不愿付出任何劳役的巨蟹座

分配多种不同的利润和获利之道：

它能让由外邦商品得来的财富在各城之间运送，

在关注粮价上涨的同时又让钱财经受

海风的考验；它能让世界的物品在世界范围销售，

170　在许许多多未知的陆地之间建立商业联系；

它能在另一片天空下 [2] 寻获新的猎物，

并在物价的高位瞬间积聚起财富。

在天界的帮助下，它一边期望飞逝的年岁能增加

本金，一边根据自己的喜好按利出售闲暇时节。

175　它拥有精明的天性，随时为自己的利润而战。

谁能怀疑庞大的狮子座的天性，

以及它所规定的星座下的出生者所拥有的技艺？

它始终准备着与野兽们的新的争斗和新的战争，

并且凭借猎物和掠夺牲畜来过活。

180　这些人充满了冲动，随时准备用皮毛装点引以为傲的

门柱，将捕获的猎物挂在屋子里，

用恐惧使树林保持和平，又凭借掠夺过活。

1　指夏至点。
2　原文直译是"在另一颗太阳之下"。

也有这样的人，他们相似的心灵并未被城墙阻隔，

而是在城中央随兽群一起招摇过市；

185　　他们在店面展示残肢断臂，

他们为了满足奢侈而制造屠杀，从死亡牟取好处。

突然而至的愤怒和轻易平息的怒火在他们天性中

占据同等的分量，而他们以纯洁之心提出的看法又是忠厚的。

对那些出生时处女座就向他们道出生命时长的人，

191　　它将为研究他们的秉性提供指导，并以博学之艺

训练心智。与探究缘由和事物影响的动力

相比，它不会给予太多的财富。

它授予那些人言辞的魔力和掌控说话的能力，

195　　以及能够洞察一切的心灵之眼，

即便万物凭借大自然的隐秘运作隐藏起来。

处女座还将产生速记者——对他来说字母就是单词，

而借助记号他也能赶上说话的速度，并运用别出心裁的

缩写来记录语速快者的长篇讲话。

200　　与优点一起的还有缺点：羞怯妨碍了他们年轻的时光，

处女座通过抑制天性的强大禀赋控制住

190　　嘴巴，又在权威的操控下受到约束。

202　　而它的后代不会很多，这在处女身上不足为怪。

天秤座的夜晚与白昼时长保持着均衡，

经过一年时光，成熟的酒神之礼 [1] 迎来新的收获，

———————————

1　指葡萄。

205　天秤座将被用来称量计重，

　　　它给予出生者帕拉墨得斯的天赋——

　　　是此人最先把数字分配进事物，把名字分给上述

　　　数字，确定度量和各自的计数方式——

　　　它还熟悉法表[1]、晦涩的条律，

210　以及用作简写符号的词语；

　　　它还将了解到什么是许可之事，在触犯禁止之事后又会遭到什么惩罚；

　　　在自己的天域里它是人民的终身裁判官。

　　　塞尔维乌斯[2]不会更适合在别的星座降生了，

　　　因为他一边揭示法律的奥义，一边制定自己的律令。

215　总之，事物只要处于似是而非且需要一个统治者的状态时，

　　　天秤座就会作出裁决。

　　　天蝎座凭借其装备有强大刺针的尾巴

　　　在它一边引导着福波斯的战车穿过星座，

　　　一边巡视着大地并让种子掉入犁沟的时候，

220　创造出投身战争和兵役的炙热天性，

　　　创造出嗜血成性的心灵，

　　　与其说凭借劫掠还不如说凭借杀戮。为何和平岁月

　　　竟是在武器的统治下度过的：他们占据要道，并在林地中巡逻，

　　　他们时而向人类发动残酷的战争，时而向野兽，

225　时而出售他们的生命以提供死亡的场面和沙场厮杀的场景，

　　　并且当战争止歇时，他们每个人都又寻找各自的敌人。

1　上古时古罗马的法律条文是被记在铜表（金属的书写板）上的。

2　指塞尔维乌斯·苏尔皮西乌斯·鲁弗斯（Servius Sulpicius Rufus），前1世纪
　　上半叶的罗马演说家和法学家。

还有那些热衷于模拟战斗和佩带武器的竞技比赛的人，

他们对战斗的热爱程度是如此巨大，甚至会牺牲闲暇操习战争之术

以及与战争技艺有关的每一种喜好。

230   而诞生在双相射手座之下的命数，

保有它们的人乐于一起套上轭具拉车，

乐于让暴烈的马匹屈从于温顺的驾驭，

乐于跟随在整片草场上吃着草的畜群身后，

乐于为每一种四足牲畜安排管理者并加以驯化：

235   他们让老虎变得温顺，从狮子身上抽离野性，

与大象对话，并通过对话让其硕大的身躯

适应人类各种不同的技艺。

当然，这个星座呈现出来的是，人类的身体与野兽的

混到了一起且处于上峰，因此它就对那些野兽拥有统治权。

240   由于保持了张弓让利矢待发的姿势，

它把力量分给四肢，把敏锐之心分给智慧，

它还分授迅捷的运动及不屈不挠的心灵。

摩羯座，维斯塔在里侧的神龛中守护着你的火焰，

从她那里你得到了技艺和事业。因为无论什么凡需要

245   用到火的，凡在工作中要用新的火焰的，

都应被当成是你的统辖范围。探查隐藏的矿藏，

熔炼出积蓄在大地血管里的财富，

把可锻造的材料——无论什么只要是银子和

金子打造的——熟练地一折为二：这些技艺将由你而生。

250   火热的熔炉熔化铁和铜，

火炉让谷物变成最终的形态，这将是你带来的礼物。

你还热衷于衣服和驱散寒冷的商品，

因为你的命数永远都在寒冬时节，

在那期间你开始缩短已将之延伸到最长限度的黑夜，

255 并通过增加白昼的方式降生出新的一年。

由此出现了运势的波动，由此不时变化的

257a 心灵随波浮动；

258b 此星座靠前的那一部分[1]融合了罪恶，

258a 是维纳斯的奴隶，而

257b 靠后的融入其中的鱼却给出了更美好的老年时光。

259 拿一只翻过来的容器倾倒出水流的那个

年轻人，水瓶座同样也授予和自己相关的技艺：

探查地下水并将之引入地上，

改变水流形态以便将之洒向星辰，

用奢华的人造堤岸嘲弄大海，

建造不同类型的人工湖和运河，

265 将远方的河流输往高处，再运过来以供家庭之用。

在这个星座下留有一千种驯服波涛的技艺。

确实，水将推动世界的表面和星辰的处所，

将推动天界沿着不同寻常的轨道绕行。[2]

268a 水瓶座出生之人将没有一刻对因水而来

又随泉井而去的工作感到劳累。

---

1 指的是羊形的那一半，山羊的形象在古典时代往往与性欲相关。

2 提到的是由水驱动的天体系统模型，如亚历山大里亚的帕普斯（Pappus）提
　到的特西比乌斯（Ctesibius）的模型。——英译者注，有删减

270   从这个星座传下的人属于温柔且讨人喜欢之类,

内心并不肮脏;他们易于遭受损失;

财富方面他们既不缺也不多。容器里的水就是这样流出的。

由最后一个星座双鱼座生下的人,

他们将拥有对大海的热爱,把生命托付给海之深处,

275   将供给船舶或船上的装备,

将提供无论什么只要是大海希望为自己所用的东西。

由此而来的技艺数不胜数:即便一艘小船,上面的部件

是如此之多,以至于几乎没有足够的名字去命名这些东西。

请再加上与星辰相联并使海洋和天界相系的

280   航行之艺。航行者必须掌握关于地球、河流,

以及港口、宇宙,还有风的丰富知识;

一方面如何熟练调整船舵往这走或往那去,

如何让船停下,如何劈开波涛,

另一方面如何用桨来驾驶船只,如何划动桨叶使之易控。

285   另外,它还授予出生其中者这般技艺:用拖网清理平静之水,

并或通过食物中隐藏钓钩,或借由鱼笼中隐藏恶意,

让他们在自己的岸边展现［海中的］被俘之民[1]。

海上战斗、水战,以及沾有血污的

海波也属它授予的礼物。

290   出生双鱼座的人多子多孙,性情友好,

运动迅捷,一生中的一切都在变化。

─────────

1　显然指的是水中生物。

148

上述这些便是二乘以六之数的星座分配给出生者的

秉性和技艺，它们是借由自身特质获得的力量进行分配的。

然而，没有一个星座对自己拥有完全的掌控力：所有星座

295　　都按同等的比例与特定的星座一起分享力量，

它们仿佛热情好客似的结成宇宙中的关联，

并把自己领域里的部分天域让出以维持其他星座。[1]

这部分占星之艺希腊人曾称之为十度天域。

这个名词源自数词[2]，因为由三十度天域构成的

300　　星座拥有一分为三的部分，

每一份都被授给同它们相关的那个星座，

302　　而每三个十度天域一组，[三十度的] 星座挨着个为这一组 [三个十

度的] 星座提供住处。

303　　大自然就是以这种方式被深深的黑暗围困起来，

真相不为所见并被巨大的困惑裹藏着。

305　　人们不会经短暂的努力就抵达天界，天界也不喜欢抄捷径这种方式，

不过，一个星座的形象被放到了另一个之前并将后者掩盖住，

还隐瞒它的力量，藏起它的赠礼。

要驱散这种晦暗不明的状态不应凭借眼睛，

而应凭借心智，因为神明不应通过外观而应通过内象加以认知。

310　　现在让我讲讲，哪些星座与哪些星座联系在一起，顺序是怎样的，

唯恐一些星座在不同于自己的星座下施加的力量不被察觉到。

1　关于这项描述，参见上文 II，687—689。

2　原文decanica为decanicum一词的复数形式，可以看出词干为decem（十），

意思为十度的天域空间。

白羊座将其第一个十度天域交给自己占有，

第二部分交给金牛座，第三部分交给双子座。

据说，星座以此方式被分配进了星座[1]当中，

315 并且它曾获得过多少主宰权，就将同样施加对等的力量。

金牛座中的体系存在着差异，因为人们推断出它自己并不在

任何一个十度天域里：它把第一部分交给巨蟹座，中间的交给狮子座，

最后的交给处女座。虽然金牛座的本性通过整个星座延续下来，

可它自己的力量还是在每一个十度天域中发生了变化。

320 天秤座占据了双子座的第一个十度天域，

天蝎座占据了随后的那个，射手座是第三个，

人们断定，它们的度数没有丝毫差别，却在顺序上存在先后关系。

巨蟹座把以二乘以五之数为度数的那部分天域首先交给

与之相对的摩羯座，人们认为，它配得上

325 处于季节分割点的巨蟹座之下的位置，而摩羯座本身

326 也位于季节分割点的位置，因为它在寒冬季节里使白昼和黑夜开始

走向等长，

327 在相对的四分点上遵循着亲缘法则；

第二个十度天域的火焰被水瓶座倒出的水淋到，

而紧跟在后的双鱼座则处于巨蟹座最远的那个十度天域。

330 可狮子座想起了三宫组合法则下的同伴，

就将白羊座奉为领导者，[2]接着是同它组成

四宫组合的金牛座，[3]最后一个十度天域就处于双子座之下：

---

1 显然这里说的是"占据黄道十度天域的星座被分配进占据黄道三十度天域的
   星座"。

2 狮子座、射手座、白羊座组成一组三宫组合。

3 狮子座、天蝎座、水瓶座、金牛座组成一组四宫组合。

顺着六宫组合的曲线它也能连到这个星座。[1]

处女座把特别的荣耀献给巨蟹座，

335 因为它把第一个十度天域授给了后者；邻近的那个，

被留给了你，狮子座；还有一个十度天域属于它自己，

由于该位置遭到了鄙视，[2]它就亲自占领了这片天域。

不过天秤座却乐于仿效前例，在相反的季节里

让黑夜和白昼保持等长，以此追随

340 白羊座的先例——后者控制着春天的轭套，

而前者则让秋天的白昼与黑夜相配相称——

它未把第一个十度天域让给任何星座，相邻的那个

交给紧随其后的［天蝎座］，第三个部分属于射手座。

天蝎座将摩羯座安置在了第一个十度天域，

345 将那位以水波命名的人[3]当成了第二部分的主人，

并决意把最后那部分置于双鱼座之下。

而那个执弓拉弦、蓄势待发的星座[4]

按三宫组合之法把第一个十度天域交给白羊座，

中间那个部分交给金牛座，最后那个交给双子座。

350 摩羯座并未陷入忘恩负义的丑陋罪行，

351 而是将它承担的义务还给了巨蟹座，巨蟹座曾接纳过它，它便接纳
了巨蟹座，[5]

352 把第一个十度天域赠予它；相邻的那个十度天域

---

1 狮子座、天秤座、射手座、水瓶座、白羊座、双子座组成六宫组合。

2 显然暗示的是遭巨蟹座和狮子座的鄙视。

3 指水瓶座。

4 指射手座。

5 关于巨蟹座的第一个十度天域归摩羯座，参见本卷上文323—326。

被认为是属于狮子座的；最后的那个是处女座的。

对从容器里流出的永恒泉水感到欣喜的［水瓶座］

355　将第一个十度天域的掌控权移交给天秤座，

而与之相邻的那个十度天域由天蝎座占据着，

以年轻人为形象的水瓶座的最后一个十度天域由射手座保有。

现在还剩下诸星座的最后一个，双鱼座。

它将领域中的第一个十度天域交给白羊座；

360　中间的那个十度天域给的是你，金牛座；[1]

剩下的那一部分由它自己保有，正如它处于诸星座

最末的位置，其命数所属的十度天域的最后一个也就归它所有。

这便是揭示神秘宇宙之力的一套体系：

它以多种方式对天界进行分割，星座之名

365　再三出现，越是不断重现，黄道诸星座的联系就越是紧密。

不要让你的心被这些［与星座］一样的名号给蒙蔽了：

十度天域装扮成星座的样子，而这些星座又不为终有一死的众生所见。

心灵的利刃应该切入到更深的地方，

某个星座应在另一个星座里被寻获到，而在探究命理的过程中

370　必须将两个星座的力量结合起来：谁在某个星座的十度天域

下诞生的，谁就拥有它的秉性，同时还受到那个［三十度］星座的影响。

从十度天域的命数中寻获到的本质就是这样的。

证据将会是：在同一星座下降生的人存在着差异，

以及在成千上万的来自一个星座的活物当中，

1　原文如此。但根据上文的排序规则我们可以推断，水瓶座的最后一个十度
　天域是射手座，因此双鱼座的三个十度天域应该是：摩羯座、水瓶座、
　双鱼座。

375 躯体有多少副，秉性就有多少种，

还有的人出生在一个星座，他们表露出的天性则是另一个星座的特征，

而人类和野兽的降生表现出的是无规可循的状态。

显然，有好几个部分构建到了一起，星座与这些组成部分相结合，

每个星座都在自己的名下承载起不同的律令。

380 不仅白羊座会喜欢羊毛，金牛座会喜欢耕犁，

双子座会喜欢缪斯之艺，巨蟹座会喜欢买卖，

狮子座会以狩猎者的身份到来，处女座会以教师的身份，

天秤座将主持测量，天蝎座将操控战事，

射手座将操控野兽，摩羯座将操控火焰，而那位年轻人[1]

385 将亲自操纵起波涛，双鱼座则将操纵起海洋；

而且星座也成了混合体并从十度天域的星座中获得额外的力量。

你说："你吩咐我承担下来的辛苦活又多又琐碎，

而当我以为简单的原则让我能够看到光明的时候，

你又让我的心思退回到巨大的昏暗深渊之中。"

390 你寻求的是神明：你虽依照命运的法则降生于世，

可仍试图登上天界并认识命运的法则，

仍试图超越你的心智并占领宇宙。

辛劳换来回报，而如此伟大的成就也并非没有价值，

请不必对曲折的道路和复杂的事理感到吃惊。

395 赋予我们求索的能力就够了：剩下的就交给我们吧。

如果你不在山间挖掘矿藏，你就得不到金子，

而堆积起的大地也将开启不了通往蕴藏其中的财富的通道。

1　指水瓶座。

为了寻获宝石，人们将穿过整个世界；

为了获得珍贵的珍珠，人们对占领大海将无所畏缩。

400 每一年，心怀焦虑的农夫都极尽所能地祈祷，

可狡诈的乡野带来的好处是那么的渺小！

我们会循着海风寻获收益，会循着战神

403 收获战利。愿为会毁坏的财富付出如此高昂的代价，应该对此感

到羞耻。

404 奢靡也带来某种兵役之事：饕餮之徒不眠不休地守着

405 让自己破财的食物，公子哥们时常在遭受挫败时发出叹息。

那我们将付出什么换得天界？可以用来交换一切的那种东西价值多大？

为了让神明能够安处自己体内，人类必须花费自己作为代价。

这便是你在人们出生之际判断秉性时需要遵循的准则。

但知晓在其他星座下的十度天域中占支配地位的那个星座，

410 以及哪个星座被安置在哪片十度天域，这仍不足够；

你还必须记住每一个度数的天域本身

是被寒冰封冻着，还是受烈火的炙烤，

或者一些天域虽没有上述两种特性，但却毁于

太过潮湿或太过干燥而显得贫瘠。因为，一切星座升起时

415 都拥有混合起来的力量与不同类型的构造。

没有一样东西是相同的。请看看展开的陆地和

海洋，请看看在两岸各色的景象间川流而过的河流：

到处充斥着罪恶，充斥着与美好紧邻的缺陷。

就这样，贫瘠的土地出现在富庶的土地中间，

420 并在突兀出现的细微差异中突然间就打破了自然的和谐；

方才还是大海的港湾现在已然成为巨大的漩涡，

受到赞美的大海的魅力顷刻就消失了；

一条河时而流过巨石，时而淌过平地，

并在开辟或找寻通道之际或是向前奔流，或是向后折返。

425 天上星座中的天域也是如此这般显出差异的：

正如星座与星座彼此存在着不同一样，它们在自己身上也存在着不同，

而且片刻之差就致使它摒除影响力并抗拒有益的效果。

无论什么只要在一些天域中间诞生的，就都是无所收获的生命，

或是毁灭，或是感受被诸多争执之事搅乱的益处。

430 这些天域我将在适当的诗行再进行阐述。

不过，有谁能够那么频繁地按音韵之律称述那么多的数字，

重复那么多的天域，道出那么多的至大之体，

433 又在针对相同主旨的时候改换讲述方式？

433a 为了给出精确的说明，鄙人不必觉得，写下不优雅的

434 文辞——正如鄙人碰巧遇到它们一样——会要自己致歉；但它却缺乏魅力，

435 而为耳朵所鄙视的努力是白费力气的。

然而，我正试图以诗行阐述命运的法则

以及天界的神圣运动，所言必须遵从法令，

因为，我未被允许塑造出形体，而只许将之描述出来。

将神明展现出来远超过足够的程度，它将亲自为自己缔造起

440 权威。以言语让宇宙获得荣耀，这么做并不恰当，

因为它在事实上比言辞道出的更加伟大。而若我的言辞仅仅能将该颂出的给表达出来，那它也不并非一文不值。

就请挨个按星座认识那些该遭指责的天域吧。

白羊座的四度制造出伤害，六度也不产生好的影响；

445　七度与前者一样，十度和十二度，

　　还有二乘以七和二乘以九之数的度数，

　　外加二十一之数的那个度数也会制造伤害，

　　还有二十五和二十七度，以此结束该星座的凶煞天域。

　　金牛座的九度是凶煞的天域，十三度天域也和它

450　相同，十加上七之数的度数也并非不如此，

　　二乘以十一以及二乘以十二之数的度数也都会制造伤害，

　　还有二乘以十三之数与三十减掉二之数，

　　以及你，三十之数。

　　双子座中引起灾祸的天域有一度和三度，

455　七度也并非吉祥，三乘以五之数的度数也一样会造成伤害，

　　二乘以十再减一这个度数也有害，还有加一也是，

　　随之而来的二十五度，以及再增加二或再增加四，

　　这三个度数也都拥有一样的伤害性。

　　巨蟹座的一度、三度、六度皆非不造成损害的

460　天域，八度也是一样，十度过后的十一度

　　夺下了受害者，三乘以五之数的度数也未更显仁慈，

　　十七度天域带来痛苦，二十度

　　以及随后的二十五度、二十七度、二十九度也是如此。

　　狮子座，你的一度天域也令人胆战，

465　还有四度天域也令人生畏，二乘以五和三乘以五之数的

　　度数并不在有益的天域里，二十二度天域产生出伤害，

接下去，度数每增加三都会带来损害，

直至最后到了三十度无法再增加成三十一度¹为止。

处女座的一度和六度，十一度和十四度，

470　以及十八度天域永远都发挥不了益处，

二十一度和二十四度也充斥着恐怖，

同样还有为星座关上大门的最后一片天域三十度天域。

在天秤座中，五度和七度天域都是有害的，

三加十一之数的度数和十七度的天域也是如此，

475　还有二十四度和二十七度，以及结束星座天域的

一对数字：二十九度和三十度。

天蝎座的一度天域遭到控诉，与之相同的还有三度和

六度、十度，以及你记下的三乘以五之数和

两倍的十一之数的度数，还有二十五度天域，

480　以及停驻于二十八度之数和占据二十九度之数的天域。

假如命运允许你的话，那就别选射手座的四度天域，

也请避开八度；二乘以六之数，或二乘以八之数，

或二乘以十之数的度数，其空气被称作恐惧之气；

当它提及二乘以十二之数，或二乘以十三之数，

485　或七乘以四之数，抑或描绘三乘以十之数的度数时，也请避开。

1　狮子座的最后三个度数为：二十五度、二十八度、三十度。

摩羯座的七度并非人们想要的天域，与之相伴的是

九度，以及标记为十加上三之数的度数，

还有从你，二十之数上减去三或减去一的度数，

489　或者在二十之上增加五或增加七之数的度数。[1]

Ⅱ, 232　始终倾倒着水流的水瓶座，它的一度天域制造出伤害，

Ⅳ, 490　应该受到指责的还有十之后的

一、三、五、九之数的度数，

以及二十一和二十五之数，

还有再往二十五之数上增加四，即二十九度的天域。

在双鱼座中，三度、五度、七度、十一度，

495　以及十加上七之数都是令人恐惧的天域；

五乘以五之数和在那之上再增加二之数，

它们也都将被发现是令人恐惧的度数。

这些度数的天域因为冰冻和烈火，抑或出于

干燥或过度潮湿的缘故而将贫瘠引导了出来；

500　如果是火星向它猛然投去火焰，

抑或是土星向它投去自己的寒冰，或是福柏把

501a　从相邻地球上收集来的露水向它投去，福波斯投去的是灼热。

在了解了星座中会造成伤害的天域之后，你也不得

让心绪松弛下来：仍有一些天域不时变换着秉性，并在升起时

1　摩羯座的最后四个度数是：十七度、十九度、二十五度、二十七度。

获得自己的独特力量，随后再舍弃它们。

505 因此，当白羊座从波涛顶上浮出，

扭过头将脖子让到羊角前方的时候，

它将生出并不满足于自己拥有之物的内心，

将产生专注于战利品的心思，并将摆脱耻辱——

这便是它希望一试的志向。白羊座就是如此这般地以低垂的羊角

510 向前冲去，要么取胜，要么毁灭。固定居所带来的

温情惬意并未通过平和之心令他们［出生者］感到满足，

而让他们高兴的始终是从未知的城市穿过，

是探索新的大海并乐于享用整个世界提供的

好意。白羊座正是向你证明了这些：

515 当它在透明的大海上划出一道长长的痕迹的时候，

它的金羊毛沾在水面上，并在自己的后背驮上因命运的安排

517 而失去姐姐[1]的佛里克索斯，将他带到了发西斯河[2]的岸边和科尔奇

斯之地。

而从金牛座最先升起的星辰降生出的那些人，

他们步态如妇。探寻其缘由并不需要多少时间，

520 如果仅凭这些缘由探索大自然是合理的话：

它是反转着身与一群少女一起来到上天的，

---

1 根据古希腊神话传说，一头金色公羊（后来的白羊座）救走了佛里克索斯姐弟，当他们两位坐在公羊的背上飞越达达尼尔海峡时，那位姐姐赫勒因眩晕，掉落大海而亡。关于佛里克索斯和赫勒姐弟与白羊座的传说，请参见上文 II，532之注释。

2 即今格鲁吉亚的里翁河（Rion）。

因为要随身带着聚集成一团小球的昴星团。

乡野的财富也加在它的身上，而它则用自己的天资

装扮起被犁翻起的平地上的牛犊。

525 　当双子座有一半的天域显现在海面上，一半隐没在海面下时，

它将会给予学习的热情并引导人们走向学问之艺。

它创造出的不是阴郁的天性，而是充满甜蜜快乐的

心灵，还用嗓音发出的祝福和悦耳的琴声

加以布置，并把才智与乐曲的天赋融合在一起。

530 　而巨蟹座暗淡迷雾中的［那片中间］天域——

在那里，它的火焰犹如被福波斯给烧毁了一般熄灭了，

星辰因厚重的迷雾失去光辉——

那片天域的出生者将没有生命之光，命运将带给这些降生者

双倍的死亡：他们每个人都在活着时就埋葬自己了。

535 　当贪婪的狮子座大张着嘴升上天穹的时候，

它穿过波涛之巅向那个人展露出了面容，

此人对父亲和子嗣心存芥蒂，他将不会让他人继承

自己保有的财产，而是将遗产吞入自己体内。

如此强烈的饥饿感和对食物的巨大欲望

540 　揪住了他的心，以至于他耗尽自己都不曾感到满足，

连葬礼开支和墓葬花销都献给了餐宴。

曾以公正统治过往昔世代，又在人类坠入罪恶

之际逃离而去的处女座，在升起时就

通过最高大权授予卓越的地位。

545　它将生出法律和神圣律典的指导者，

　　　即众神神圣庙宇的虔诚膜拜者。

　　　不过，当秋天的天秤座刚开始升起时，

　　　在天平的均衡下降生的人是幸福的。

　　　作为裁决者，他将设置称量生和死的装置，

550　还将自己的力量施加在大地上并制定出法律。

　　　城市和王权将在他的面前颤抖，将只受他的支配，

　　　并且在他投生大地之后天界的律令也将等待他的到来。

　　　当天蝎座举起其尾部的星曜的时候，

　　　那时在星辰的祝福下诞生的人将

555　用城市充实大地，他将一边使役公牛，

　　　一边以弯曲之犁描绘出城墙；

　　　抑或他将夷平建造起来的城市，把市镇变回

　　　田地，在屋子的地方将长出成熟的粮食。

　　　他的勇气以及随之而来的力量将会达到这般程度。

560　当射手座穿衣部分[1]的那片天域开始升起时，

　　　它将会生出以战争闻名的心，并将通过盛大的凯旋式

　　　在众目睽睽下把胜利者带往故乡位于高处的地方；

　　　同样的人，他现在垒起高墙，一会儿又会将之推倒。

　　　可若命运女神过于慷慨地赐予他们顺利之事，

1　指射手座中间人形的那个部分。

565 对她的嫉妒就会显露在他们脸上，因为她极其残忍地对待他们的秉性。

因此，令人恐怖的胜者[1]在撤退之前就为其在特雷比亚河、坎尼、

[特拉西梅诺]湖的战斗

所取得的胜利付出了如此惨痛的代价。

摩羯座最后那片由尾巴末端的刺组成的天域

指定的是海上的兵役之事以及操控船只的职责，

570 这是一件吃苦耐劳和接近死亡界线的事业。

如果你希望有一个虔诚、纯洁、忠诚的人，

那他将在水瓶座第一部分天域升起时降生在你面前。

为了不让内心对双鱼座最初的那片天域的出现怀有期望，

它给予的是令人憎恶的口才和总是把恶言恶语

575 传至一无所知之人耳中的言辞之毒，

还有用奸诈言辞将罪恶带给人们的那种渴望。

这片天域的出生者将没有任何忠诚可言，可无穷的欲望却

迫使他们炽热的心从火焰之中穿行而过。

当维纳斯为躲避蛇足且双肩带翼的提丰巨人

580 而扎进巴比伦河[2]的水波里的时候，

她所化身的就是一条鱼。

于是她就在长有鳞片的双鱼座里植入了爱情的炽焰。

双鱼座下出生的人将不会成为单独一人：

---

1 指迦太基将领汉尼拔。
2 即幼发拉底河。

162

弟弟或可爱的妹妹将会出现，要不然她就是生下双胞胎的母亲。

585　现在，请快学习星座对地球不同部分产生的

　　　支配力吧。然而，万物的整体概貌应该先被提到。

　　　天界之球被分成了四个部分，

　　　分别对应着白昼初升、白昼降没、正午的炎热，

　　　还有你大熊座[1]。同样种类的风从这些地方

590　吹起，并在虚空之中相互争斗。

　　　凛冽的北风从极地袭来，东风从白昼升起处吹来，

　　　南风喜欢的是太阳中间的方向，西风则是太阳落下的方向。

　　　在两种风中间的地方，两股虽名字不同，

　　　却属于同一样事物的风一起送出气流。

595　陆地本身浮在海里，并被拽住大地的大海之冠

　　　所环抱，而大地就处于水的环抱之中。

　　　在大地中间还容纳着一片从昏暗的西边流入的

　　　大海[2]，它冲刷着右边的陆地：努米底亚和炎热的利比亚，

　　　以及曾经宏伟过的迦太基的卫城；

600　随后海岸拐弯回返，大海延伸进苏尔特蜿蜒曲折的浅滩，

　　　又再度随着潮水向前，径直抵达尼罗河。

　　　海水冲刷着左边的陆地：西班牙诸民族以及

　　　你，陆上相连的毗邻之地高卢，

　　　还有意大利诸城——意大利的土地向大海的右边弯折，

605　直抵你的狗，锡拉巨石，以及贪婪的卡里布狄斯漩涡[3]——

1　分别对应东、西、南、北。——英译者注

2　指地中海。

3　锡拉巨石和卡里布狄斯漩涡都在西西里岛附近的海面上。

当海水从这处要冲之地灌入之后，便涌入

敞开的伊奥尼亚海并向着开阔的水域奔流而去，

随后如先前一般流向左边，名字也改成了亚得里亚海，

它沿意大利绕行一圈，

610　饮下埃里达努斯河[1]的河水；它用海水让伊利里亚

免遭战火，用海水沐浴伊庇鲁斯和著名的科林斯，

再飞快绕过伯罗奔尼撒的开阔海湾；

它再次向左边流去，并在巨大的后退中

通过塞萨利亚的地界和亚该亚的土地。

615　再往前，属于一名年轻男子和溺亡的年轻女子的海峡[2]挤出

一条勉强能通过的水道；普罗旁提斯海[3]再将那条海峡同

广阔的黑海与连通黑海背部并

为之提供水源的梅奥提斯湖[4]的波涛连接起来。

当从那个地方退回到狭窄水道的水手

620　再次出现在赫勒斯滂海峡的波涛中的时候，

他在伊卡利亚海和爱琴海上乘风破浪，并对左手边

衣着光鲜的亚细亚的人民感到惊喜，对每处地方都有的

记功碑，对难以计数的民族，对迎着波涛的

陶鲁斯山，对奇里乞亚的民族和炙烤下的叙利亚，

625　以及在逃离大海时形成一片巨大海湾的陆地[5]感到惊叹。

最后，海岸穿过波涛，又折过来返回埃及，

1　即波河（Po）。

2　指赫勒斯滂海峡，年轻男子叫佛里克索斯，年轻女子叫赫勒，为姐弟两人。关于两人的传说，参见上文Ⅳ，517之注释和Ⅱ，532之注释。

3　即马尔马拉海。

4　即亚速海。

5　指腓尼基及其邻近地区。——英译者注

并再次终止于尼罗河的岸边。

这便是围绕陆地中央之海的海岸线，

也是将波涛限定在一片海域的海岸线。

630　有一千座岛屿分布在这片广阔的大地之海中。

利比亚海里的撒丁岛有着一副足印的形状，

三角形之岛[1]就只是像从意大利切下的一样，

希腊因正对优卑亚岛上的山峰而令人称奇，

将雷神作为公民的克里特岛受到爱琴海波涛的拍打，

635　而拍打塞浦路斯岛的则是从埃及流出的河流产生的波涛。

635a　除了这些最为有名的陆地，

以及其他所有虽土地较小可也是从海里浮出的

滨海之地以外，还有大小不一的基克拉迪群岛、提洛岛、罗德岛，

以及奥利斯、特涅多斯岛，[2]海岸靠近撒丁岛之地的

科西嘉岛，大洋初一踏入大地之圈就

640　被其击败了的埃布苏斯岛[3]和巴利阿里的田野，

以及从深处耸立而出的数不胜数的礁岩与山石。

大海并不是从唯一一处打开口子的

地方侵入大地的，因为福耳库斯[4]曾以其大洋之力

冲刷了多处滨海之地，却受到高耸山峰的

645　阻挡而未能用水把整块陆地给淹没。

1　即西西里岛。

2　上述这些地名都位于希腊爱琴海附近。

3　即今西班牙位于地中海上的伊维萨岛（Ibiza）。

4　即海神。

因为，在北方与夏天太阳升起的方向之间 [1]，

海水以一条狭窄的水道进抵远处，

最后流入低洼地中，

形成一片类似黑海的里海。

650　海洋以同样的方式对着正午太阳的方向朝大地发起了

两场战争。因为，波涛占据着波斯的

土地，由大海亲自灌溉从而海水涌入其中

并形成广阔海湾的地方，也是它夺取名号 [2] 的地方。

离那不太远，它深入已开化的阿拉伯人的土地——

655　那里出产令人喜爱之物和由多种根茎制成的异域香料——

大海温柔地把珍珠倾倒在海岸上，

并根据夹在两片海域之间的那块陆地得到名字 [3]。

657a　〈地球上的大陆被分成三块：利比亚、亚细亚、欧罗巴。对于利比亚〉[4]

迦太基曾经以武力获得了统治大权，

当汉尼拔用火劈开陡峭的亚平宁山的时候，

660　他还让特雷比亚河永存于世，让坟墓覆盖住了

坎尼，[5] 让利比亚涌进了拉丁姆 [6] 的城市当中。

大自然把各类疫疾和不同的野兽都集中到了

那里 [7] 以同未来袭击过来的军队为敌。

1　指东北方或东北偏北。
2　指波斯湾。——英译者注
3　指阿拉伯湾（即红海）。——英译者注
4　标记657a行的拉丁语原文缺失，此处译文根据英译者补充译出。
5　指的是汉尼拔在第二次布匿战争中战胜罗马人的两场经典战役：特雷比亚河
　　之战和坎尼之战。
6　指意大利中部腹地罗马及附近的平原地带。
7　指利比亚。

那里是恐怖毒蛇的居处，是安处于毒物并

665　依靠进食死亡存活的活物——大地的耻辱——的居处，

也是身躯庞大的大象的居处。这片令人恐怖的大地

也为自己带来了许多惩罚，它孕育了凶残的狮子，

戏谑般地生出了长相丑陋的猴子；

而比荒凉更糟糕的是它干燥的沙子令人苦恼，

670　直至将自己的律令颁行至埃及的居民。

在那之后是亚细亚的人民以及四处皆富饶的土地：

河水与黄金一起流淌，大海随珍珠一起

闪耀，香气扑鼻的树林呼出有益健康的气息；

再有就是比已知的更为广阔的印度和确乎属于另一个世界的

675　帕提亚，以及高耸至天的陶鲁斯山构筑的壁垒，

还有居于周围的名称不同的一切诸族，

地域直抵以水流将两个世界分开的斯基泰的塔奈斯河[1]，

以及梅奥提斯湖和充满险恶的黑海。

那片海域加上普罗旁提斯海边上的赫勒斯滂海

680　便是大自然给亚细亚的力量设下的界线。

欧罗巴拥有剩下的地域：它首先接纳了

游过波涛的朱庇特并解除了他的公牛之形，

还让他放下了自己的欲望之火［欧罗巴］，同所驮之物结合在了一起。

他便把那位女孩的名字［欧罗巴］当作礼物赠给了这片海岸，

685　并以此名号将那块大陆当作自己爱情的丰碑加以纪念。

这片大陆最出名的便是英雄和极为丰富的

博学之艺：在口才方面处于统治地位的雅典，

1　指顿河。——英译者注

在军队方面是斯巴达，底比斯以其被奉为神的人[1]而冠绝诸邦，

而培拉则凭借了一位王及其首屈一指的家族[2]——作为特洛伊战争的

690　回报[3]——塞萨利亚和伊庇鲁斯，还有相邻的海岸伊利里亚，

它们都属实力强大之地；将马尔斯作为公民一员的是色雷斯，

在自己的后代之中感到惊愕不已的是日耳曼尼亚；

财富无可匹敌的是高卢，极为好战的是西班牙；

最后是意大利——万物之至尊罗马在地上缔造了

695　它，又亲自为天界建造了另一个。[4]

这些将是海陆要遵守的界限，

因为神明已将世界分割开来并逐一分配给了星座，

并且给世界的每个部分都奉上了各自的守护之权以施加统治，

还献出了属于它们的民族与巨大城市，

700　而星座在之中发挥了显著力量。

正如人类的身形在星座当中被分配了一样，[5]

虽然它们共同将守护之权拓展至整副躯体，

可仍向身体的每一部分另外单独施加守护之权：

白羊座对应的是脑袋，金牛座是脖子，

705　双子座被认为控制的是肩膀，巨蟹座是胸部，

肩胛唤到的是你狮子座，腹部是你处女座，

1　指的是由朱庇特与卡德摩斯（Cadamus）之女塞墨勒（Semele）所生的巴库斯（Bacchus）；以及由朱庇特与底比斯王后阿尔克墨涅（Alcmene）所生的赫拉克勒斯。——英译者注

2　指亚历山大大帝。

3　关于马其顿人曾参加过特洛伊战争，参见上文 I，770。

4　罗马人将他们的城市神格化（碑文中的DEA ROMA），奥古斯都允许为他自己和罗马城（Urbs Roma）献上一座神庙。——英译者注

5　参见上文 II，456—465。——英译者注

天秤座处于臀部，天蝎座统治的是胯部，

射手座喜爱的是大腿，摩羯座是双膝，

水瓶座守护的是小腿，双鱼座是双脚。

710　　因此，不同的星座也以相同的方式占有不同的大地。

于是乎，人类被分配进了不同的律法和

不同的形体，民族按着各自的肤色

被塑造出来，且各自都在共通的天性与

人类的躯壳上打上自己特有的烙印。

715　　金黄的日耳曼尼亚经其身材高大的子嗣而变得高大，

高卢被染上了些许近似于红色的颜色，

更粗俗的西班牙编织出的是强健的四肢。

罗马城之父为罗马人奉上的是马尔斯的特质，

而与战神相结合的维纳斯给他们塑造出的是匀称的四肢。

720　　聪慧的希腊用他们肤色黝黑的脸

展示出了体育场以及健硕者的摔跤训练场。

一年四季卷曲的头发将叙利亚暴露了出来。

埃塞俄比亚人给世界留下污渍，并塑造出

浑身乌黑的人类之族；生于印度的人较少遭受

725a　　烈日的炙烤；

726b　　尼罗河泛滥下的埃及之地

727　　因平地被淹没而让身体肤色稍稍变黑，

726a　　那个地方较靠近我们，

725b　　温和的气候生出适中的音调。

728　　福波斯用尘土让沙漠之地中的阿非利加诸族

干涸，毛里塔尼亚以其民族的面孔而

得名，而这个名字本身便是对他们肤色的称呼。[1]

请加上数量一样多的声韵，并请涵盖相同数量的

语言、秉性，以及与分配到的那些地方相适合的风俗。

再加上由相似的种子长出的各类独特的果实，

还有因各城各邦的差异而不尽相同的丰收，及随之而来的色勒斯：

735　　她创造出属于不同果蔬的并不均等的收获。

还有巴库斯，你献给大地的也非同等的赠礼，

而是让不同的山丘长出不同的葡萄。

肉桂并不到处生长在每一处平地上；

还有不同形态的牲畜，种类独特的野兽，

740　　以及囚锢在两处陆地[2]上的大象。

世界分成几个部分，就有和这些部分数量相同的世界，

正如分配给它们的星座在那些地方闪烁着光辉，

并将自己的气息灌入居于其中的民族之上。

将星辰布置在宇宙中央的白羊座——

744a　　在那里太阳藉由平等的天秤座一起等分黑夜和白昼，

745　　它位于巨蟹座和冰冻的摩羯座之间的春季位置上——

把自己的力量施加于亲自征服了的那片大海，

而在少女跌落海中之后，它驮着她的弟弟来到岸边，

并为负担的减轻和背脊的放松而流下了泪。[3]

对它进行恭敬崇拜的还有附近的普罗旁提斯海，

1　关于毛里塔尼亚一词的来源，参见伊西多禄的《词源学》（*Isidori Etymologiae*），XVI，5，10："毛里塔尼亚得名自当地民族的肤色，因为希腊人把黑色称作MAURON。"

2　指阿非利加和印度。——英译者注

3　这里提到的应该是金色公羊（即白羊座）驮运佛里克索斯和赫勒姐弟过赫勒斯滂海峡的传说。所以此处的那片大海就是赫勒斯滂海峡。

750 还有叙利亚的部族，以及身披宽松长袍并受累于

自己装束的波斯人，还有河水至巨蟹座时 [1] 开始上涨的尼罗河，

以及奉命接受洪水侵袭的埃及的土地。

金牛座拥有的是斯基泰的山峰，强大的亚细亚，

以及统治领域内树林茂盛的文弱的阿拉伯人。

755 海岸弯折如斯基泰之弓的黑海

在双子座的统辖下崇拜着你，福波斯；[2] 色雷斯崇拜着你们 [两] 兄弟，

而流淌在印度土地上的最为遥远的恒河也崇拜着你们。

埃塞俄比亚人在拥有最炽烈火焰的巨蟹座下炙烤着：

肤色本身就指明了这一切。狮子座，你作为西贝拉女神的

760 仆从，占据着弗里吉亚，还有野蛮的卡帕多西亚人的

王国，[3] 以及亚美尼亚的山脊，富庶的比提尼亚 [4]

也崇拜你，还有曾征服过世界的那片马其顿的大地。

纯洁处女 [座] 统辖下的是陆上和海上都得天命之助的

罗德岛——将要统治世界的那位元首 [5] 曾经的处所，

765 当时，那座岛就是太阳神的居所，在它以恺撒之名

将伟大的宇宙之光收入囊中的时候，整座岛屿被奉献给了太阳神——

还有伊奥尼亚的城市和多利安的乡野，

以及古老的阿卡迪亚人和以历史作品著称的卡里亚。[6]

---

1 指夏至，当太阳进入巨蟹座的时候。——英译者注
2 双子座的守护神是福波斯，关于此参见上文 II，440。
3 弗里吉亚和卡帕多西亚都是古时小亚细亚半岛的地名。西贝拉女神（Idaea
 Mater，也被称为Cybeba）原为东方弗里吉亚一带的大地女神，后在前3世纪
 左右传入意大利。
4 古代小亚细亚半岛北部的地名。
5 即提比略。提比略在成为元首之前曾退隐罗德岛8年。
6 伊奥尼亚、多利安、阿卡迪亚、卡里亚都是古代爱琴海附近希腊人定居地的
 地名。

若可以选择，除了这个[1]之外，还有哪个星座更适合守护意大利？

770　它管辖万物，知晓事物重量，

它标示出至尊者，并将不平等之物从平等之物中分开，

藉由它，时节达到平衡，黑夜与白昼相互协调。

天秤座亲自掌握着西方之地[2]，罗马凭借着它缔造了起来，

并作为主宰世界的最高大权操纵着事件的发生，

775　还将诸族置于秤上，让他们升起，让他们落下；

恺撒藉由它降生，[3] 及至现在以更好的方式缔造起了罗马城，

并操控起听命于他个人的世界。

选入天蝎座之下的是被征服了的迦太基的卫城、

利比亚、埃及的两侧之地，还有昔兰尼

780　那由苦涩的根茎之泪[4] 献出的

土地；虽然如此，可它仍回头望向意大利的波涛，

并占据了撒丁岛和散布在大海中的［其他］一些岛屿。

大海环抱着的克诺索斯之地屈从于射手座，

米诺斯之子本身作为双相之物也来到那个

785　双相星座之中。[5] 因此，克里特岛拥有的是

飞矢，模仿的是那个星座张开的弓身。

1　指天秤座。

2　西方之地（Hesperia）对希腊等东方民族来说，指的是意大利。

3　这里的恺撒指的是提比略，此处说提比略以及上文提到的罗马都是"藉由天秤座"而诞生的，但提比略的生日是11月16日，而罗马建城的时间是4月21日，两者的太阳星座显然都不是天秤座，英译者认为这里指的应该是月亮所在的星座。

4　此处指的可能是昔兰尼当地盛产的罗盘草（silphium）。

5　克里特王米诺斯之妻帕西法厄（Pasiphae）生下的米诺陶（minotauros）是人和牛的双相之物，而射手座则是人和马的双相之物。

特里纳克里亚岛[1]也在相同的星座下追随着它的姐妹[2]，

那是一座归狄安娜管辖的[3]浮在海上的岛屿；

还有相隔一道狭窄且很深的海峡，与之毗邻着的

790　意大利的海岸[4]，它遵循相同的律法也并未阻绝那个星座的影响。

摩羯座，无论什么，只要是处在太阳落山处之下，

并再从那里延伸到冰封的大熊座之地的——

连同西班牙和富庶的高卢诸族——都归你统治；

只配得上孕育野兽的日耳曼尼亚，

795　那个介于陆地和大海之间的星座[5]索得了你的控制权，

因为潮汐有涨有落，你既跟随着大海又追随着陆地。

然而，那位外形更显柔弱的年轻人[6]则把裸露的四肢

伸向温暖的埃及和提尔的高墙，

伸向奇里乞亚诸族以及与卡里亚接壤的田野。

800　幼发拉底河被献给了双鱼座——当维纳斯为躲避提丰巨人

而在那里寻求其［双鱼座］帮助的时候，就没入了水波之中[7]——

806　献给双鱼座的还有底格里斯河的以及红海[8]的闪亮之滨。

802　被这些漫长的堤岸围住的是属于帕提亚人的广袤陆地，

以及在数个世代里被帕提亚人征服的民族，

1　即西西里岛。

2　指上文提到的克里特岛。

3　射手座的守护神是狄安娜。关于此事，参见上文Ⅱ，444。

4　与西西里岛相对的那片南意大利的海岸，应该指的是古代世界的大希腊地区，即原先希腊移民定居的意大利南部。

5　指摩羯座，它的形象是羊头鱼身。

6　指水瓶座。

7　关于维纳斯为躲避提丰巨人而扎进幼发拉底河化身为鱼，参见本卷579—581。

8　原文rubrus pontus，但显然这里应该指的是波斯湾和阿拉伯海。

还有巴克特里亚人和埃塞俄比亚人 [1]，巴比伦、苏萨、尼尼微，

805　以及那些在难以计数的语言之间几乎无法被译出的地名。

807　如此这般，整个大地在星座之间进行了分配，

律法应从这些星座导入它们各自的区域里；

因为这些地方维持着的相互关系就和星座间的一样，

810　正如星座时而互相联合起来，时而在仇恨中相互征伐，

时而遥相对峙，时而以二宫组合的形式结合在一起，

或者别的什么缘由又把它们引向各不相同的情感一样，

大地与大地如此这般相互联系着，城市与城市也是如此，

此岸与彼岸如此这般相互征伐，王国与王国也是如此；

815　每个人在寻求一处安身之所的同时又必须作出躲避，

在希冀得到忠诚的同时又必须接受危险的告诫，

正如天性是从位于上方的天界下降至凡间一样。

现在，请留意借用希腊语名词被称作月食星座 [2] 的那些星座，

因为在整个一年的特定时期它们就像耗尽气力一样

820　时而在拖沓不前的运行中停滞下来。

显然，在无限的时间之中一切皆非恒定不变，

任何事物都不拥有永恒的花朵，也不恪守唯一的轨迹，

一切都依时日发生着变化，随年岁产生出不同。

肥沃之土因受累于生长出的作物，

---

1 巴克特里亚人居于波斯东北方的中亚一带，因此这里的埃塞俄比亚人应该是
居于中亚地区的肤色黝黑的民族，有可能是当地的达罗毗荼人。

2 原文ecliptica来自希腊语ἐκλειπτικός，词源是动词ἐκλείπω，意为"离去"、
"死亡"。

825 就结不出自己的果实也不给予持续的收获；

另一方面，不曾对播种作出过回报的那些贫瘠之地

随后也满足了规定之外的新的税赋。

大地从将之承载在一起的牢固的地底深处晃动起来，

土壤从双脚陷落而下；世界漂浮在自己之上，

830 大洋吐出大海并在口渴时再吞下它们，

而它本身又容纳不下完整的自己。就这样，它曾经一度淹没过城市，

那时丢卡利翁作为人类唯一的继承者幸存了下来，

他位于一块山石上也就占据了世界。[1]

还有，当法厄同尝试执掌其父亲的缰绳的时候，

835 诸民族陷入了烈火，天界也害怕受到大火的波及，

闪亮的星辰面对新燃起的火焰奔窜而逃，

大自然对被埋葬进一座坟墓感到了恐惧。

万事万物在漫长的时间里经历着如此巨大的变化，

然后又再度回归常态。因此，在特定的时候，

840 星座也会丧失其力量，并在恢复之后又施加出来。

其缘由显而易见：因为无论哪个星座只要月亮在其中

发生亏食，只要不见了自己弟弟[2]的月亮没入漆黑的夜幕，

当地球处于中间的位置并阻断了福波斯的光芒，

当德利娅吸纳不到自己散发出的那习以为常的光晕的时候，

845 星座也就和位于其中的那颗星体一样缺乏活力，

它们在悲伤中弯下身躯并丧失了常有的力量，

---

1 根据古希腊神话，宙斯曾以一场大洪水毁灭人类，当时只有丢卡利翁
  （Deucalion）和皮拉（Pyrrha）两人幸存了下来，他们乘坐的方舟在水面上
  漂浮了九天九夜，最后搁浅在埃特纳（Aetna）山上。
2 即太阳。

它们哀悼起福柏[1]就像它被送去了葬礼一样。

原因单单从其名号就能获知：古人称之为

月食星座。然而，星座都是成双成对承受相同影响的，

850　　它们并非位置相邻的两个星座，而是遥相辉映的两个，

正如月亮只在福波斯运行到相对的星座当中，

它望不到对方的时候，其天体才出现亏食。

虽然如此，可所有星座也不都是在相等的时间长度里丧失其力量，

而是有时整个一年都处在这种状态，

855　　有时力量丧失的时间持续得较短，有时持续较长，

甚至在福波斯的［一年］周期结束后，它们的虚弱仍在延续。

当分给每个星座的上述时长告终，

隔着天界相对的闪烁光芒的两个星座

在特定的时限内结束自己的劳累之后，

860　　排在它们之前升上和没入地平线的那两个相关联的星座

也开始因困苦发生转移而承受起了虚弱——

顺序并非与恒星运转的方向相反，

而正是沿着宇宙运行的轨迹——

它们失去力量并不再施加影响，既不给予好处，

865　　也不施加伤害。所有这些都是星座位置带来的。

可是，如果一个人从心底作出抗拒，

畏缩消灭了希望又阻绝了天界的大门，

那用可怜兮兮的理性去探索闪耀着光芒的宇宙又有多少益处呢？

"看吧，"他说道："那藏匿起来的大自然

1　德利娅和福柏表示的都是月亮。

870　　　游离于我们终有一死之物的视线和心智之外，

　　　　一切皆由命数掌控，而这无法带来裨益，

　　　　因为命数不能凭借理性被人看到。"

　　　　用自己发出的指责来指责自己，

　　　　夺走连神明都未予拒绝的财富，

875　　　并舍弃大自然给予的心智之眼，这么做有什么益处呢？

　　　　我们能辨识出天空，为什么就辨识不出天界的馈赠呢？

876a　　人类的心智能够离开属于自己的居处，

877　　　能够进抵宇宙深处的宝藏，

　　　　能够以自己的种子构筑起庞大的构造体[1]，

　　　　能够将天界诞下之人送至使他出生的天界，

880　　　能够前往最为遥远的大海，能够深入大地之下

　　　　倒悬的那片地方，能够生活在整个世界之中，

　　　　能够学会计算夜晚还余下多少时长。

　　　　大自然从不隐藏秘密，我们已在整体上进行了考察，

　　　　还当上了那个被征服了的宇宙的主人，我们作为其中的一分子

885　　　观察着将我们生下的父母[2]，并以星辰之子的身份向着星辰攀登而去。

　　　　还有人怀疑神明住于我们心中，

　　　　灵魂自天界来并返回天界吗？

　　　　还有人怀疑在由一整副躯体构成的宇宙当中——

　　　　组成这副躯体的是位于高处的气与火，还有地与海——

890　　　安住着分散各处并操控整个宇宙的心智，

　　　　与之相同，我们凡尘状态下的身躯和血肉之中的活力

———————

1　指宇宙。

2　根据本卷879的相似描述，此处"将我们生下的父母"指的应该是天界或
　　宇宙。

也安住着操控整副［躯体］并让人保持活力的

灵魂？当宇宙存在于人类的个体之中，

而每个个体又具有神明的模样，只是形态较小的时候，

895　为什么对他们拥有认知宇宙的能力感到吃惊呢？

该不该相信，除了由天界所生之外，人类不会再来自

任何地方了？一切活物或四肢着于陆地，

或潜没于水中，或悬浮于空中，

它们全都一样地只在乎睡觉、食物，以及为得欢愉而进行的性交，

899a　它们的力量只依据其体型进行衡量，强健与否依据的是肢体，

900　而且由于没有认知，它们并无语言。

唯独统治万物的［人类］，他们生来就观察大自然，

就拥有说话的能力、巨大的天赋，

以及掌握各种不同技艺的能力：避开露天之地进入都市，

为收获果实耕耘田地，驯化动物为自己服务，

905　在大海中开辟出通道；也唯独人类立于高耸在头上的

穹顶之下，以胜利者的姿态将星辰般的眼眸

投向天上的星辰，从更近的地方凝望奥林匹斯山，

并对朱庇特进行查探；他们并不满足于仅仅停留在

众神的表象上，而是从深处探究起天界，

910　还一边追随与自己相似的躯体，一边在星辰中找寻自己。

911　我们向它提出请求，希望得到一个如此伟大的可信之物，就和常通过飞鸟

912　获得的，以及通过位于自己胸下的令人胆战的脏器 [1] 获得的一样。

1　指的是腹腔内的脏器（肝脏或肠子等），观察动物内脏也是古罗马人传统的占卜方式。

那么，把理性从神圣的星座引导出来是否就比

听从动物的尸体和飞鸟的鸣叫更无足轻重呢？

915　因此，神明自己并不嫉妒世界展现出天界外貌，

反而以不断的运行来显露自己的面貌与

形态，它将自己展现出来并使自己得到铭记，

以便它能够被人真正认知，能够教给用眼睛看的人

它是怎样的，能够强迫他们记下自己的规则。

920　宇宙亲自把我们的灵魂唤上星辰，

又因未对自己的法令加以隐藏而不许让人们知晓。

那么有谁会认为，认识理应认识的事物，这么做是不应当的？

不要蔑视在你狭小心中的自己的力量：

它发挥出的力量是无限的。因此，少许金子的价值

925　就超过了数不胜数的铜；

因此，比米粒都小的钻石比黄金都值钱；

因此，小小的瞳孔看到了整个天界，

即便当双眼注视着的是极其巨大的事物时，进入视线的都是极微小的；

因此，虽然灵魂之座处于柔弱的心当中，

930　可它仍从狭小的处所对整副躯体施加统治。

不要寻求物质的大小，而是要考虑它们的力量，

理性拥有这些力量，而不是分量拥有这些力量：理性征服一切。

不要对人类能借助神明之眼存有疑虑，

因为人类也在创造诸神并将神明送上星辰，[1]

而在元首奥古斯都的统治下，天界将变得更加伟大。

1　指的是在人死后将他们奉为神明。

第五卷

另外一人本来会在此结束他的旅途：他已探讨了星座——

代表五颗行星的神明沿着与星座相反的方向运行，

3　与它们一起运行的还有驾驭四匹马的福波斯以及驾驭两匹马的德

利娅——

4　他本不会将作品继续下去；这里会有另一人

5　穿过土星、木星、火星、太阳，以及位于上述天体

下方，跟随在金星还有迈亚所生之子[1]之后游走的你，月亮，

穿过这些星耀的阻隔之火，从天界降落而返。

而当我勇敢地登上飞车，

10　沿着上升的坡道抵达天穹之巅的时候，

宇宙正吩咐着我以急速朝整片天空迈进

并要我走遍所有的星辰。

在这一边，广阔天界中最强大的猎户座正招呼着我，

还有现在仍航行在群星中的英雄们的那艘船[2]，

蜿蜒着向远方流淌而去的波江座，

15　带有鳞片和恐怖巨颚并身具两种兽形[3]的鲸鱼座，

看守着金苹果园以及黄金财宝的不眠不休的［长蛇座］，

给整个宇宙带来火焰的大犬座，

以及奥林匹斯山对其许下心愿的众神的祭坛。

在那一边，在大小熊星座之间游动的天龙座正招呼着我，

20　还有惦记着马车的御夫座和惦记着货车的牧夫座，

作为天界之礼的阿里阿德涅之冠[4]，

1　即墨丘利，也就是水星。

2　指南船座。

3　鲸鱼座具有带鳞片的鱼类的尾巴，以及陆生动物的颚。——英译者注

4　指北冕座。

战胜了邪恶的美杜莎且手执刀剑的英仙座，

与妻子一起欲将女儿仙女座杀死献祭的仙王座，

翱翔在这片天域的繁星点点的天马座，力图超过

25　　飞快的天箭座的海豚座，化身成一只飞鸟的朱庇特[1]，

以及随意散布在整个天界的其他星座。

现在，我应该吟诵出所有这些星座特有的力量——

是在它们升起之时和没入波涛之际所拥有的力量——

还有是十二星座中的哪片天域[2]将它们带上天界的。

32　　兽群的主宰和海洋的征服者，失去了一只角

又被夺走了羊毛的［公羊］把名字和背负之物交给了它[3]，

它曾吩咐科尔奇斯的［公主］美狄亚的巫术之法

35　　造访伊奥库斯，还将巫毒散布到整个世界，

现在，它仍从船身处牵着阿尔戈号[4]穿过右侧天域的

星辰，将它拉到自己身旁，就像它依旧在航行一样。

不过，只有当有角的［白羊座］升至地平线上方四度的时候，

船身才显露出自己的第一缕火光。[5]

40　　只要在那艘船［南船座］升起之际降生于世的人，

都将成为一艘船的指挥者，他们一边紧握着舵柄，

1　指天鹅座，关于朱庇特曾化身成天鹅，参见上文 I，337—339。

2　原文直译为"二乘以六的星座中的哪一个度数"。

3　指白羊座。

4　古希腊神话传说中伊阿宋等英雄为寻找金羊毛而乘坐的船，也指天上的南船座。根据传说，伊阿宋在科尔奇斯公主美狄亚的帮助下取得了金羊毛，随后伊阿宋与美狄亚结婚，但不久又因移情别恋而抛弃了她，美狄亚因爱生恨，就用毒药毒死了伊阿宋的新欢。

5　此处有误。南船座为南天星座，从黄道左侧升起，但从不与白羊座一同上升。——英译者注

一边把陆地变为海洋，乘风追寻着自己的

命运，希冀以自己的舰队横渡整片

海洋，见识到陌生的地域和深深的

45　发西斯河，并以胜过提菲斯的掌舵技巧驶向撞岩 [1]。

把人们在这个星座下降生的机会抹掉，

你也将抹除特洛伊的战争，以及那支在启航和着陆时

都沾染过血迹的舰队 [2]；薛西斯将不会让波斯的舰队

扬帆于波涛上，也不会开辟新的海路并覆盖住原先的；

50　在西拉库撒 [3]，与萨拉米斯海战相反的战果将不会葬送雅典；[4]

布匿人的船头将不会航行在一切有水的地方；

在阿克兴湾之内的世界，敌对的双方将会处于

胜负未决的状态；[5] 天界的命运也将漂浮于海洋当中。

有了这些人 [6] 的率领，在未知水面上的舰船得到了引领，

55　大地与大地得以相连，货品随海风在整个世界

流通着以满足人们的不同需求。

而在［白羊座］左侧随其第十度天域一起升起的是

1　指位于达达尼尔海峡黑海入口处的两块会活动的大石头，过往的船只经常会
　　被它们击得粉碎。提菲斯是阿尔戈船的掌舵者。

2　指特洛伊战争时希腊联军的舰队。希腊联军出发时，统帅阿伽门农曾将自己
　　的女儿伊菲吉妮娅（Iphigenia）杀死献祭，而舰队靠岸后，第一位踏上特洛
　　伊土地的普洛特西劳斯（Protesilaus）则被特洛伊英雄赫克托（Hector）当场
　　击杀。

3　即今西西里岛的叙拉古。

4　雅典海军在萨拉米斯海战中曾一举战胜了波斯海军，从而奠定起希腊海上霸
　　主的地位，可随后的伯罗奔尼撒战争中，却在西西里的西拉库撒一战里遭到
　　了覆灭。

5　关于阿克兴之战，请参见上文 I，915及注释。

6　指上文提到的南船座上升时出生的人。

环抱住巨大奥林匹斯山的再广阔不过的猎户座：[1]

当它在地平线上方一边闪烁出光芒，一边拉拽着天幕的时候，

60　黑夜便制造出白天的光亮，收起自己昏暗的翅膀，

它创造出聪慧机敏的灵魂、行动敏捷的身躯、

回应使命的机智之心，以及不管付出什么辛劳

都会用不倦的力量继续前行的心力。

猎户座的子嗣是对得起民众的，也将住满整座城市，

65　他们以共同朋友的身份携晨间问候的

词语飞过一扇扇屋门。

可当白羊座在大地上升起并经过了三乘以五的

度数之后，御夫座从波涛中将自己的车驾

升上了天，从倾斜向下的地平线下方拉起了车轮，

70　而凛冽的北风则在那个地方以其冰冷的气息鞭打着人们。

它将会赋予属于自己的热情和留在天界的技艺——

这些技艺在它作为地上的驾车者时曾热爱过[2]——

会使人立在轻型战车上，牵住四张

被套上嚼口并泛起了泡沫的嘴，驯服这些马匹的

75　不羁之力，并保持住环形的路线。

当门闩拔起，马匹飞奔出围栏之后，

他将身子前倾，激励高亢的野兽，想要跑到前面，

轻飘的轮子几乎就要脱离跑道，奔驰的脚步

胜过了风的速度；他占据比赛中最靠前的位置，

1　猎户座无法和白羊座一起上升。此外，猎户座最主要的影响因素（狩猎的热
　　情）未在本段中描述出来。——英译者注，有删减

2　也就是，这个星座来源于厄里克托尼俄斯（Erichthonius）。——英译者注

80　将要向着难行赛道的斜坡驶去，

　　他的阻挡给对手造成了障碍，将他们拦在整座赛场之外；

　　抑或如果处于大批队伍的中间位置，他就会时而跑在

　　右侧[1]跑道，对开阔的空间怀有信心，时而在靠近折返点的一侧转弯，

　　并且直到最后都对结局拿捏不定。

85　作为马术表演者[2]，他能时而坐在一匹四足之兽的背上，

　　时而坐在另一匹上，并将双脚牢牢固定住，

　　他从一匹马身上飞跃到另一匹，以在马背上飞翔进行表演；

　　或者翻身骑上一匹马，时而操习军事，

　　时而骑行中捡起散布在赛场上的奖励品。

90　无论什么，只要与这般热情相关的事物，他都将拥有。

　　在我看来，萨尔摩纽斯[3]能够被看作是由这个星座降生的：

　　他在地上模仿天界，想象通过驾驶四驾马车穿过铜桥

　　来显示天界的轰鸣，以此看上去就像把朱庇特本身

　　带到了地上一样；可就在这位仿冒的雷神被真正的

95　闪电击中，并身陷那些降临他头上的火焰的时候，

　　他用死亡作为代价认识到了朱庇特的力量。

　　你应该相信，柏勒洛丰是在这个星座下降生的，

　　他在星座间飞翔，在天上开辟出了道路，

　　他曾经就在天空上奔驰，大地和海洋则都

100　在他的脚下，身后的途径并未留下任何足迹。

　　这些例子应该让你注意到御夫座上升时的特征。

1　即靠外侧的跑道。

2　原文desultor，即马术表演者，他们通常会在演出时从一匹马的背上跳到另一匹。

3　古希腊神话传说人物，西绪福斯（Sisyphus）的哥哥。他曾十分骄傲，想要模仿朱庇特的神力，由此触怒了朱庇特。

当白羊座升起并经过了两倍的十度之后，

两头小羊[1]开始在右侧北风吹起的地方

显露出它们颤抖着的下巴，同时向大地作出允诺，终会

105　把羊毛覆盖着的后背显现出来。请别相信，带严厉外形的

106　产物会由此塑造出来；也别相信，由此会塑造出加图之类神色严峻之人，

107　以及固执己见的托夸图斯[2]和效仿贺拉斯行径[3]的人。

这般负担对这个星座来说太过沉重，而用犄角撞来撞去的

两头小羊也并不适合这般事迹：它们因轻浮的行为而高兴，并为出生者

110　标记上嬉戏的内心；而这使它们一头扎进了嬉闹的游戏

与敏锐的活力当中，并在反复无常的爱中度过年轻时光。

尽管美德永远不迫使他们受伤流血，可欢欲却时常

逼迫着他们，丑陋的欲望换到的是死亡的代价；

以此毁灭是最不糟糕的事，因为他们凭借罪恶取得胜利。

115　它们也并非不给降生之人牲口的庇护权，

并诞生出属于自己的牧羊人——一位把牧笛挂在脖子上

又通过不同的吹口送出优美乐声的牧羊人。

当白羊座上升至二乘以十外加七度之后，

这时毕星团升了起来。[4]在那个时候出生的人

1　关于这两颗星，参见上文Ⅰ，365及注释。

2　指前340年的执政官曼利乌斯·托夸图斯（Manlius Torquatus），因在与拉丁人的战争中自己的儿子擅离职守而处决了亲生儿子，即便后者是去追击敌人，也夺回了战利品。

3　指贺拉斯三兄弟中的一位。因自己的妹妹已许配给了敌人库里阿奇乌斯三兄弟中的一人，当她听闻自己的未婚夫被杀而哀悼起来时，贺拉斯就在愤怒中杀死了妹妹。

4　一处明显的错误，该星团位于金牛座。——英译者注

120   并不对安定感到满足，也不看重闲暇的生活，

追求的却是人群的集聚、群体的骚动，以及国家的混乱。

暴乱和喧扰令他们感到高兴，他们希望格拉古兄弟 [1]

在宣讲台上激昂陈词，希望平民撤至圣山，只留些许公民待在罗马；[2]

他们赞成破坏和平的战争，并为恐惧给予养料。

125   他们驱使肮脏的牲口穿过未耕耘过的乡野，

因为这个星座也生下了奥德修斯的牧猪人。

由毕星团生出的人，随着星座的上升他们获得的秉性便是这些。

当白羊座的最后一度升上天空，

因而整个星座被从波涛中拔出并展现于世人的时候，

130   五车二 [3] 一边盯着走在前面的两头小羊，

一边以星辰点缀右边寒冷的那片北方天域，

并履行起伟大朱庇特神乳母的职责。它给雷神提供了

充足的养料，用自己的乳汁满足了

饥饿的胸膛，给予其足够的力量以打出闪电。

135   由它诞生出焦虑的心灵和战栗的内心，

有声响它们就会提心吊胆，细微的因素就令它们心慌意乱。

在它们天性之中还有探索未知事物的渴望，

正如母山羊们寻找山坡上的新鲜灌木，

一边觅着食一边总喜欢前往更远的地方一样。

---

1 即提比略·格拉古（Tiberius Gracchus）和盖乌斯·格拉古（Gaius Gracchus）兄弟两人，他们曾以平民的保民官身份针对土地问题颁行较严厉的改革方案。最后在贵族派的武力逼迫下，以失败告终。
2 指古罗马历史上的平民为对抗贵族而进行的撤离运动。
3 即御夫座 α，根据上文 I，366 的描述，这颗星在神话传说中的形象是一头哺乳过朱庇特的母山羊。

140 　当金牛座露出后方，脑袋朝下升起之后，

　　在它升至第六度时，争相发出光芒的姐妹们，

　　昴星团被引领了出来。在它的影响下，巴库斯和维纳斯的

　　崇拜者，在祭宴和餐会上肆无忌惮的人，

　　以及用机智的风趣寻求甜美欢笑的人

145 　被降生进了温柔体贴的光芒之中。

　　他们将始终对自己的优雅之举和美丽之貌

　　耗费苦心：把卷曲的头发打理成波浪的形状；

　　抑或用带子把长发系住，堆起高高的

　　顶髻，并通过添加头发来改变头型；

150 　还利用带孔洞的浮石对多毛的肢体进行打磨，

　　并对自己的男子特征感到憎恶，渴望得到光滑的臂膀。

　　他们穿上女性的装束，鞋子也不是用来穿在脚上的，

　　而是用来看的，还乐于作出娇柔的样子。

　　他们对本性感到羞耻，在他们心中住有的是盲目的

155 　展示之欲，还以美德的名义吹嘘起弊害。

　　对他们来说付出爱始终并不足矣，他们希望的是被目睹到付出爱。

　　而当双子座将兄弟一般的星辰提上天界，

　　当它漂浮在海水表面的时候，

　　在升至第七度时它把天兔座拉上了天。出生该星座的人

160 　天性几乎给他插上了翅膀并让他飞翔着穿过天界，

　　凭借如风一般敏捷的肢体他拥有如此巨大的活力：

　　他在得到开始信号之前就成为跑步比赛的获胜者；

　　他凭借快速移动避开结实的拳套，

时而轻松躲避，时而挥拳击打；

165　　他灵巧一踢就让戏球在空中飞翔，

　　　还在游戏中手脚互调¹着支撑起身体，

　　　以敏捷的臂膀对球作出迅捷的击打；

　　　他能够把数量众多的戏球倾泻到肢体上，

　　　［好似］全身上下都布满了手掌，

170　　以至于他一边在和自己游戏，一边让戏球不掉落地飞过

　　　自己身躯，就好像他在命令它们对自己的指令作出反应一样。

　　　他为牵挂之事不眠不休，他用活力克服了睡眠，

　　　他还把闲暇时光花费在了各色各样的游戏上。

　　　现在，我将唱出与巨蟹座毗邻的星座。在其左边

175　　升起的是猎户座腰带。那些出生时受到上述星辰影响的人，

　　　他们崇拜的是你，被在他处的火焰燃尽生命的墨勒阿革洛斯²，

　　　而你通过死亡把生命之礼还给了自己的母亲，

　　　你的生命还在死前慢慢经历了火葬的过程；

　　　此外还有那位试图承受阿特兰塔布置的艰辛条件的人³；

180　　以及这位在卡吕冬的岩地上角逐行猎的少女［阿特兰塔］，

1　指手在下脚在上地作倒立状。

2　古希腊神话传说中的人物，出生时命运女神曾有预言，说他的生命会延续到炉子上的木柴被火烧完。于是，母亲阿尔泰亚（Althea）就立刻命人把还未燃尽的木柴浇灭并藏了起来。这么做就等于母亲将木柴（生命）当作礼物赠给了墨勒阿革洛斯。直到一次，因她的兄弟被墨勒阿革洛斯所杀，阿尔泰亚才在愤愤不平中取出了这些木柴，将之点燃，随着火焰燃尽，墨勒阿革洛斯的生命也随之逝去。

3　指弥拉尼翁（Milanion），根据古希腊神话传说，女猎手阿特兰塔（Atalanta）行走如飞，追求者不断，但她提出只会跟跑赢自己的男子结婚。弥拉尼翁施展计谋，他取来三枚金苹果，在比赛跑步时每隔一段赛程就丢下一枚，引得阿特兰塔弯身去捡。以此，他赢得了比赛。

她胜过了那些男性英雄，因为她凭借超越所能见到的

女子之力发动攻击，并首先在［野猪身上］制造出伤口。

阿克特翁[1]那种让树林称奇［的狩猎之技］，

在他成为猎狗的新鲜猎物之前就吸引到了他们[2]，

185　于是他们就用网绳围起平地，用羽毛绳[3]围起山丘。

他们备好了伪装起来的陷阱和结实的罗网，

用兽夹捕捉奔逃着的野兽，

抑或用猎狗或武器杀死猎物，再将它们带回家。

他们乐于在海里捕猎各种外形

190　的野物，并将藏身于黑暗深海的

"怪物"的躯体展示在岸边的沙滩上；

他们乐于以涌动的恐怖海浪向大海发起战争，

乐于用投下的网拉住奔腾的河流，

不依靠任何踪迹追捕那些难以捕捉的猎物，

195　因为陆地为满足奢靡之欲供给的太过稀少，因为肚皮鄙视

大地，还因为涅柔斯[4]自己就是从海水得到喂养以满足口腹。

当巨蟹座的第二十七度从波涛浮现出来，

并爬上星辰升上天的时候，

上升中的南河三给予出生者的并不是狩猎而是

200　狩猎的武器。哺育感知敏锐的小狗，

1　古希腊神话传说中的人物，以善于狩猎闻名。一次他在进入树林狩猎时误闯
　　入狩猎女神阿尔忒弥斯的圣树林并目睹到正在沐浴的女神，于是就被变成了
　　一头公鹿，遭到朋友们的猎狗的围猎。

2　指出生于猎户座腰带的人。

3　一种用羽毛编成的绳子，常被用来围猎猎物。

4　古希腊神话传说中的海神之一。

以及通过血统命名种类，以城镇地域划分秉性；

制造猎网，打造插着尖锐矛头的猎矛，

以及在削去茎节后充满韧性的矛柄；

制作并贩售只要狩猎之艺通常需要的任何东西：

205   这些便是南河三将要给予的。

可当狮子座让张开的巨大下颌升起之时，

天狼星带着夺目光芒升了上来，并对着火焰发出吠叫 [1]，

它随着自己的烈火陷入疯狂，又将太阳的炽焰变成双倍。

当它把火带下大地并放射出光热的时候，

210   大地便预知到世界会成为灰烬，大地正迎来

最终的命运：[2] 尼普顿在属于自己的水波中保持静止，

鲜绿的血液从树木和草地上撤离而去。

一切活物都在寻找他处的不同世界，

都在寻求另一片宇宙；在难以忍受的炎热的侵袭下，

215   大自然染上了自己生出的疾病，

活活地躺在了火葬堆上：如此炙热的热度在星座之间

扩散了开来，一切都被当成是由一颗星的光芒构成的。

在［天狼星］升起时连海浪都浇灭不了它，

当它升到最近的海岸上时，

220   它将塑造出无拘无束的灵魂和莽撞的心灵，

它将给予愤怒的潮水，并赋予针对全体民众的

1　天狼星拉丁语是canicula，意思是"小狗"。

2　指斯多葛主义者提到的毁灭世界的大火（ecpyrosis），他们认为宇宙最终会
在巨大的火焰中遭到吞噬，一切事物都会返回本源之火（primeval fire）的状
态。——英译者注

仇恨和恐惧。说话者［在想到修辞］之前就道出了言辞，

思想位于话语之前，心脏出于微小的缘由就开始搏动，

在说话的时候，［他们的］舌头就会怒吼，就会吠叫，

225　而不停的咬合使他们在出声时牙齿发出咯咯的声响。

他们的罪过因饮酒而加深，巴库斯给予了力量

并为［他们的］野蛮和愤怒煽风点火。

他们并不害怕树林和山岳，并不害怕体型庞大的狮子，

抑或暴躁野猪的獠牙以及野兽拥有的天生的武器，

230　他们在可以接触到的［猎物的］躯体上发泄自己的怒火。

别对这颗星下的这些秉性特征感到吃惊：

你看到，这颗星自己是如何在群星之中进行狩猎的，

它力图利用奔跑去捉住走在前面的天兔座。

当伟大的狮子座的最后一度升上天空的时候，

235　被闪烁金光的星辰所缠绕的巨爵座升了起来。

无论谁，只要出生和秉性是由它而来的，都将受到

灌溉过的乡间草地、河流、湖泊的吸引。

巴库斯，他将把你［的葡萄藤］嫁接在榆树上，

抑或将［它们］放置在支架上以便藤叶如跳转圈舞一样［攀爬］生长，

240　抑或引导［它们］依靠自己的力量分出手臂一般的分枝，

而当你从母亲体内被取出的时候，他把你托付给你自己，

这将永远保护你免受婚房［的灾难］。[1] 他将在葡萄之外播种谷粒，

243　并根据当地条件栽种生长于世界各地间数不胜数的各种其他样子

的作物。

──────────

1　根据古希腊神话传说，当塞墨勒在婚房中被宙斯霹雳棒发出的火焰烧死之
　　际，她腹中的孩子酒神狄俄尼索斯（即古罗马的巴库斯）就被取了出来。

244   他将毫不吝惜地饮下自己酿造的酒，

245   并亲自乐享劳动挣来的果实，

        他将因纯酒[1]而欢愉，也将把心智浸没在酒杯之中。

        他不单单把每年许愿的希望托付给大地，

        还将追求税赋与[商品的]收益——

        特别是受到水汽滋养的和离不开波涛的那些商品——

250   这种便是由巨爵座塑造出的人：喜爱湿润之物。

        随后处女座升了起来。当你看到它从海里升起

        五度天域的时候，就从波涛中浮现出曾经

        是阿里阿德涅桂冠的伟大纪念碑[2]，

        由此赋予[出生者]温柔的技艺。因为，在这一边发出光芒的是

255   少女的礼物，而自那一边升起的则是少女自己。[3]

        [北冕座的出生者]将耕耘结出闪亮花蕾的花园，

260   在墨绿的山丘上种植橄榄树，抑或在鲜绿的山丘上铺上青草。

257   他将种植灰白的堇花和紫色的风信子，

        还有百合花以及可与鲜艳的紫色染料相媲美的罂粟花，

        如鲜红的血液一般绽放的玫瑰，

261   他将用真实的色彩点缀并描绘出草地。

        抑或，他将把不同的花朵捆在一起，编成花环，

        并塑造出自己出生时的星座的形状，他制作出的桂冠

263a   与克诺西亚卡[4]的那顶类似；他把茎梗放一起挤压，

_____

1   原文merum，指的是未兑过水的葡萄酒原液。
2   指北冕座，"阿里阿德涅桂冠的伟大纪念碑"一说参见上文Ⅰ，320—323。
3   此处"少女的礼物"指北冕座，而"少女"则是处女座。
4   指"阿里阿德涅"，而"阿里阿德涅的桂冠"便是北冕座。

并从中蒸馏出精华，用叙利亚的香精来给阿拉伯的进行调味，

265   再配制出散发着各种芳香的精油，

结果通过调和，精油的香味得到了增加。

他的心拥有的是高雅、文明、装点之艺，

以及优雅的生活和快乐的时光。

这便是处女座的时日与北冕座的花朵定下的特征。

270   而当令人恐怖的角宿一[1]随处女座的第十度天域一起

升上天空，[2]且它又要独自承受那些缠绕其身躯的芒刺[3]的时候，

它激发出的是对耕地和乡间耕作的热爱之情。

[角宿一的出生者]注定会将种子播撒进犁过的地里以获取收益，

会通过收割谷物取得比预期更多的收获，

275   以至于他都寻不到能容纳下粮食的谷仓。

这是终有一死之人应当认识的唯一的矿藏：

那时大地上还没有任何饥饿之苦，没有任何匮乏之难；

那些吃得饱饱的人就拥有了富庶的财产，

278a   当先前金银埋藏在人们触及不到的地方的时候。

也许谁的力气在付出辛劳之后被耗尽了，那么它就授予他

丰收所必不可缺的每一项技艺，以及种子给予的一切收益，

他把谷物放到碾压它的石块底下，推动上方的

磨盘，把碾磨后的谷物沾上水，

---

1 即室女座 α。

2 不是说明亮的角宿一与处女座的任何部分一起升起，因为它事实上就是处女座本身的一部分，根据托勒密的说法，它位于处女座的第二十七度。——英译者注

3 角宿一的拉丁语名称为Spica（麦穗），因此才有下文缠绕身躯的芒刺一说。

用炉火烘烤；他准备人们的日常食物，

把同一种物体塑造成多种不同的形状。

285 因为角宿一作为用技艺处置过的谷物的居所，

而它的结构被设计成与建筑物相类似，

并给藏在自己屋内的种子提供了储室与仓廪，

所以它将创造出在神圣的庙宇内雕琢出镶边天花板的人，

以及在雷神的居所里缔造起新的天国的人。

290 这种装饰物曾一度由众神保有，

现在它已变成我们奢华之物的一部分了：餐厅媲美

神庙，在金色的天花板下我们享用起了金色的食物。

看啊，天箭座随天秤座的第八度天域一起升起。

它将给予用臂力投掷标枪、从弓弦

295 射出箭矢、用棍棒击出石弹的技艺，

以及捕捉在属于它们的天空中飞翔的鸟类，

抑或用三叉戟刺穿自以为身处安全中的鱼类的技艺。

我更愿意把哪个星座或哪种星盘赠给透克洛斯，

抑或更愿意把哪一度的天域托付给你菲罗克忒忒斯[1] 呢？

300 前者用弓击退了赫克托的火把和火炬，

而这位赫克托正威胁着要把猛烈的火焰烧到成千的船只上；

后者则把特洛伊的命运和战争的命数装入了箭袋，

曾遭抛弃的他[2] 是一位与身穿武装者相比还要厉害的对手。

---

1 透克洛斯（Teucer）和菲罗克忒忒斯（Philoctetes）都是特洛伊战争中希腊联军一方的神射手。

2 菲罗克忒忒斯在战斗中并不穿戴装备。他曾在前往特洛伊的途中双脚被水蛇咬伤，而被希腊人遗弃于利姆诺斯岛（Lemnos）。伤好之后才去特洛伊参战，并成功射杀了帕里斯王子。

另外，在这个星座下那位做父亲的就能降生下来，

305　这位不幸的父亲在目睹一条蛇爬在儿子的脸上，

并酗饮着正在睡梦中的孩子的生命之气的时候，

就投出一柄飞枪，成功击杀了那条蛇。[1]

成为父亲是它的一项技艺；天性本能战胜了危险

并把年轻人从睡梦和同等的死亡中解救了出来，

310　然后，让他重获新生，把他在睡梦中从死亡手里夺回来。

可是，当小羊[2]如同在偏僻的山谷间迷路一般

找寻着自己兄弟们的踪迹，

跟在兽群之后从远处升起的时候，

它塑造出干练的灵魂以及被各种事务装得满满的内心，

315　这种心灵不会因顾虑而变得憔悴，

也不会因在家里而得到满足。这些人是国家的侍奉者，

并承受着服务之责和国家之令。

只要他在场，长矛就不会徒劳无获地找寻手指，[3]

被充了公的货物也不会缺少竞拍者；有罪之人不会

320　逍遥法外，欠债者也不会对祖国实施欺诈。

他是罗马城的担保人。当然他也并非不沉溺在各种各样的

爱欲之中，并在酒神的规劝下，一边以比登台献艺者更柔和的姿势

灵活地跳动身体，一边把正事抛在脑后。

1　指的是希腊传说中雅典国王厄瑞克透斯（Erechtheus）之子阿尔康（Alcon），以射击技艺精湛闻名于世。

2　这里指的应该是御夫座ζ或称柱二。关于柱二和柱三（御夫座η）这两颗星，参见上文Ⅰ，365及注释。

3　长矛指的是拍卖会。在古罗马时代，广场上举行公众拍卖时往往会在地上插上一支长矛，因此这里的手指应当就是指拍卖会上出价的人。

现在，随着天琴座升起，从波涛中浮出的是一副

325　龟甲的形状，它只能在死后藉由继承者[1]发出声音；

由它，埃阿格鲁斯之子俄耳甫斯曾把睡眠授给了波涛，

把感觉授给了石头，把听觉授给了树林，

把泪水授给了冥界，最后把终结授给了死亡。

歌唱的天赋与美妙的弦音将由此而来，

330　吹出悦耳之音的不同形状的笛管，

以及无论什么只要用手奏出声音、用气息发出声响的都将由此而来。

[天琴座的出生者] 他将在宴会上唱出甜美的歌曲，

用嗓音愉悦酒神，用嗓音俘获夜晚。

此外，他将在隐秘的场合排解内心的顾虑，

335　同时把唱出的歌变成遮遮掩掩的低吟之声；

而独自一人时，他将总会唱出只会令自己耳朵着迷的歌声。

这便是天琴座在天秤座的第二十六度天域升起时，

在将双臂引领进星辰时，定下的 [秉性]。

当天蝎座差不多升起八度的时候，是哪座祭坛[2]

340　带着模仿星辰形状的乳香焚烧时燃起的火焰出现在那片天域？

这座祭坛是癸干忒斯巨人[3]曾经发誓要毁灭的，

而朱庇特直到以祭司之身立在众神面前，

才以强大闪电武装其右手。

1　指墨丘利。——英译者注
2　指天坛座。
3　古希腊神话中由大地女神盖亚身染天神乌拉诺斯的精血后生下的巨人一族。

344　　［天坛座］上升塑造出的与其说是神庙中的高贵者，还不如说是这
　　　　些众神，

345　　以及那些被吸收进第三阶[1]的侍从，
　　　　那些在神圣的歌曲中膜拜众神的人，
　　　　那些能够看到未来的近乎神明一样的人。

　　　　［天蝎座］继续上升四度之后，半人马座将星辰拖上了天，
　　　　并把自己的秉性施加给了出生者。

350　　他或是用尖棒驱赶驴子，或是用轭套上杂种的
　　　　四足动物，或是高傲地驾驶战车行驶，
　　　　或是把武器装备上马匹，或是驱使马匹进入战斗。
　　　　他知道如何将治疗之艺运用在野兽的肢体上，
　　　　缓解没有言语的生物无法表达出的病痛。

355　　这便是他的技艺之作，不等待痛苦的哀嚎，
　　　　就及早认清尚未意识到病症的患病之躯。

　　　　跟在它［天蝎座］之后的是射手座，在射手座的第五度天域向大海
　　　　发出光芒的是大角星。命运女神本身
　　　　敢于把自己的财产交付给那个时段出生的人，

360　　以便他们能守护王的财富和神庙的宝库，
　　　　他们会在自己王的统治下执掌统治，会成为国家的仆从，
　　　　会担负起对人民的守卫，抑或作为宅邸的管理者
　　　　将自己的职责限定在看护他人的房屋上。

1　原文为tertia iura，指的是宗教中地位较低的神职，或服务于宗教的被释奴。

当射手座完全从波涛中浮出水面之后，

365　天鹅座在其三乘以十度的天域下带着由星辰组成的

长长的羽毛和闪光的翅膀飞升上了天界。

随它升起而迎来光芒、离开母腹的人，

他将使空中的生灵和热衷于天界的

鸟类变成他自己的乐趣和财富所在。

370　它将传下千门技艺：或是向宇宙宣战，

捕捉飞翔中的鸟，

或是从鸟窝偷走雏鸟，或是用张开的捕鸟网

兜住栖息在树枝上或正在觅食的鸟。

还有满足高档之需的那些技艺。为口腹之欲我们现在走到比曾经为战争

375　而走到过的更远的地方：我们从努米底亚的海岸

和发西斯河的树林得到食物，从那片带走金色羊毛的

新奇海域[1]市场获得了供应。

此外，他将会把人类的语言及其含义传授给

空中的飞鸟，并把它们引导进新的交际圈中，

380　教导它们被自然法则所拒绝的言辞之艺。

天鹅座本身也隐藏有神明[2]和属于他的声音，

它不完全是一只鸟，它在心底对自己发出低喃。

不要不提那些乐于喂养关在屋顶笼中的

维纳斯之鸟的人；乐于把这些鸟放回天界

385　或以特定的信号唤回它们的人；抑或是那些

把整座罗马城中被教会服从命令的鸟都关进笼子的人——

1　指黑海东北部的海域。

2　关于朱庇特曾化身成天鹅，参见上文 I，337—339和本卷25。

他们所有的财富中包括有一只［用于表演的］小麻雀——

上述这些以及类似的技艺将会成为金色天鹅座的赠予。

当被大蛇 [1] 的巨环缠绕住的蛇夫座

390   在你摩羯座的一片天域中升起的时候，

它给出生者创造出并不具有敌意的蛇的形态。

他们将用自己的衣襟和飘逸的衣袍接纳蛇，

并与这些带毒的可怕物种接吻，却不受伤害。

可当南鱼座离开它的故乡海洋，

395   升入天界，承载其他元素的疆域之时，

无论谁，只要是这种时候获得生命的，

都将把自己的寿命花费在海岸与河边，

398   他将捕获下潜到看不见的深水中的鱼类，

531   并且一边憧憬着能收集到闪亮的石子，

一边将贪婪的目光投进潮水之中，

399   没入水里的他把珍珠连同起保护作用的它们的

外壳一起采了上来。没有什么危险是留给敢作敢为者来面对的：

收益在海难中被获取，而掉入深海的身躯

就和战利品一样成了付出的同等代价。

如此危险的劳动并非始终都仅获得微薄的回报：

珍珠物有所值，几乎没有哪个人不因这种闪亮的石头

405   而破费钱财的。人们在陆地上却受累于海洋深处的财宝。

生在如此命数下的人在岸边使用自己的技艺，

---

1   指长蛇座。

或者以一定报酬购买另一个人付出的劳动，再作为贩售
各种不同形态的水产品的小贩将之售出以获取利益。

当天琴座 [1] 升上巨大的宇宙的时候，

410　　将迎来罪行的调查者和罪人的惩处者，

　　　他将通过梳理他们的证据对罪行刨根问底，

　　　将隐藏在无言的罪恶中的一切都揭露出来。

　　　由此生出的是冷酷的拷问者和刑罚的主持者，

　　　还有无论谁，只要是坚持真理、憎恶罪恶的人，

415　　只要是从内心深处除去争执的人。

　　　当海蓝色的海豚座从海中升上星界，

　　　并显现出由星辰构造出的星座图景的时候，

　　　那些在海中犹如陆地一样没有差别的人将诞生。

　　　因为，就像海豚本身用飞快的鱼鳍划过水面一样，

420　　他时而破开水面，时而分开深水，

　　　通过波动获取推力，并制造出汹涌的波涛，

　　　因此，无论谁只要从它那里来的，都将会在波涛中飞驰。

　　　他时而轮流抬起双臂，作出缓慢掠过的姿势，

423a　　在穿过海水、划过水沫时，他会引起人们的注意，

424　　在拍击水面时，他会发出声响；时而又如隐秘的

　　　双排桨船一样，他会把双臂分开，在水下划水；

　　　时而他又会直挺挺地跃入水中，以迈步的姿势游着泳，

　　　像佯装走在浅滩一样，在水上如平地一般开辟出道路；

1　原文Fidis sidera，指的是天琴座。但本卷上文（参见本卷324—338）已提到
　过天琴座了，虽然用的是另一个拉丁语单词Lyra。

或者在躺卧或侧卧着，让肢体保持不动的同时，

又不会给水增加负担，而是依靠在波涛上漂浮，

430　　整副身躯就是一艘没有船桨的帆船一样。

他们乐于在海里寻找大海：

他们把身体潜入波涛之下，试图造访

洞府中的涅柔斯和水中的仙女；

他们带来海里的和因海难而掉入深海的

435　　战利品，并热切地对沙滩底下进行探索。

无论游泳还是潜水，这两种人分享的是

同等的热情，虽显现出不同的方式，但却是由同一源头生出的。

你还应当列举出那些具有这种技艺的躯体：

他们从结实的跳板往下跳，在空中跃起，

440　　做出一连串的动作，首先向上起跳的那个人

现已落地，而随着他的降落又有人跃到了空中；

442　　或者他们让身体从火焰和燃烧着的火环中穿过，

444　　在空中掠过之际模仿海豚的动作，

443　　他们在陆地上也能像置于涌动的波涛中一样表现自如，

445　　而且虽无羽翼，却可飞翔，又能在空中作出运动。

可若他们并不具备这些技艺的话，那在他们身上仍将保有

适合这些技艺的物质条件；大自然将给予他们活力

和敏捷的动作，以及在平地上飞翔的身躯。

仙王座在湿漉漉的水瓶座的天域里升上天空，

450　　可它并不会产生运动相关的秉性。它塑造出严肃的

外表，描绘出由严厉的内心所显露出的面容。

他们将以忧虑为食获得喂养，将始终铭记古时的

453 　传统，将赞美古人加图的格言。

455 　它还将造就出养育年少者的人：

　　此人凭借施加给孩童的法律主宰起自己的"主子"，

457 　在权力的假象之下，他在错乱中会把自己扮演的

454 　守卫的傲慢或叔伯的严厉当成真情实景。

458 　此外，他们还将为笔虽落在纸上

　　可却沾染着鲜血的悲剧演员奉上台词，

　　而这些纸在目睹罪恶的景象和世间的灾祸后将不会［与观众相比］

　　更显不悦。他们将乐于述说一次几乎埋葬三个人的故事 [1]：

　　做父亲的吐出了孩子的肉，太阳避之不及，

　　无云的天空失去光昼；他们将乐于讲述底比斯由同一母腹生下的

　　两个孩子之间的战争，[2] 以及那个既是孩子的父亲又是哥哥的人；[3]

465 　还有美狄亚的孩子，她的弟弟和父亲，[4]

　　作为礼物奉上的先是［带毒的］衣服，随后变成了火焰，

　　接着是踏空奔逃之术和用火进行的返老还童之法。[5]

　　他们将把一千种其他场景引进戏剧当中；

　　也许，仙王座自己也将出现在剧中。

1　指梯厄斯忒斯无意间吃下三个孩子的故事。关于这则神话传说，参见上文Ⅲ，18及注释。

2　指的应该是波吕尼刻斯（Polynices）和厄忒俄克勒斯（Eteocles）两兄弟之间的战争。由此引申出七英雄征战底比斯的故事。关于这则神话传说，参见上文Ⅲ，15—16及注释。

3　指俄狄浦斯杀父娶母的故事。关于这则神话传说，参见上文Ⅲ，17及注释。

4　关于美狄亚的故事，参见上文Ⅲ，10及注释。

5　指的是（未按时间顺序排列）美狄亚对孩子们的谋杀；对她父亲埃忒斯的谋杀，她把弟弟阿布绪尔托斯撕成碎片，把他残缺不全的肢体扔到河里，以此来拖延对她的追捕；毒衣服则是作为结婚礼物赠予科林斯王克瑞翁（Creon）的女儿格劳斯（Glauce）或克瑞莎（Creusa），让新娘和她的父亲都死了；太阳神派来的龙车让美狄亚得以逃脱；还有美狄亚用魔法使伊阿宋的父亲埃宋（Aeson）恢复了青春。——英译者注

470 若有谁出生时就怀有更加轻松的写作热情，

他将在欢乐的庆典赛会中创作出这般的喜剧场景：

欲火焚身的男青年与爱情中痴痴的女孩，

遭到欺骗的老人与对一切事都能应付自如的奴隶。

米南德向一代又一代的人展示出了自己年代的生活——

475 这位米南德在其语言之花的绽放下比一切雅典人[1]更博学，

他为生活展现生活，并在作品中奉上生活的形象——

假如[仙王座的]力量并未产生杰出之作，

可[仙王座的出生者]仍将适合别的角色：他将诠释出诗人的言辞，

时而通过言辞，时而凭借无言的举止与表情，

480a 他的台词将由自己写就，

482b 他登台献演时将身披托袈袍[扮演罗马人]，

482a 或者扮演伟大的英雄，

480b 他独自一人将逐一

481 扮演所有的角色，并以一人之身表现出一大帮的人；

483 他将用肢体展现每一个人的命运的浮沉，

且姿态将与旋律契合；他将使你相信，自己看到的是

特洛伊的真实场景，而普里阿摩斯就倒毙在自己面前。

现在我将谈谈天鹰座：它从那个将水倾倒而出的

年轻人[2]的左侧升起，也是它曾把这位年轻人带上了天界，[3]

---

1 原文直译为"自己的城邦"。
2 指水瓶座。
3 根据古希腊神话传说，特洛伊国王特罗斯（Tros）之子伽倪墨得斯
（Ganymedes）生得异常俊美，因此受到宙斯的喜爱，于是宙斯便派出一头
巨鹰把他劫掠到了天界。这头巨鹰就是天鹰座，而伽倪墨得斯也化身成了
水瓶座。

它展开双翼在猎物上方盘旋飞翔。[1]

它带回朱庇特抛出的闪电，并为天界而战：

490 它在水瓶座的第十二度[2]天域展现出双翼。

它上升之际降生在大地上的人，他将在成长的过程中

热衷于追求战利品和掠得之物，甚至付出杀戮的代价；

494 他不会把和平和战争区分开，不会把公民和敌人区分开，

493 当没有人可以杀的时候，他将对野兽实施屠杀。

495 他本人只受自己的约束，[3]无论什么地方，只要他想，

就会猛烈地俯冲过去；傲视一切变成了赞赏。

而假如他发起的袭击能找出正当理由的话，

那么卑劣将转变成美德，他能把战争

推向结束，也能用巨大的胜利充实祖国。

500 鉴于天鹰座并不操纵武器，而是提供武器，

又鉴于它［为朱庇特］带回了被抛出的火焰，取回了投出的闪电，

在战争期间，此人将成为王的或伟大统帅的侍从，

他的力量将给他们带去巨大的益处。

仙后座在水瓶座经过二乘以十度的天域之后

505 从右侧升起，

它将创造出能打造千姿百态的

作品的金匠，他能为珍贵的材料

增加更珍贵的价值，能把宝石鲜艳的色彩融合进去。

---

1 另一处错误：天鹰座徘徊在摩羯座和射手座上方，而不是水瓶座。——英译
者注
2 原文为"二乘以六"。
3 原文直译为"他本人就是针对自己的律法"。

509 　从它那里获得的是神庙中奥古斯都敬献的发出光彩的供品——

511 　这些神庙是由奥古斯都奉献的，金色之焰与福波斯的光芒交相辉映，

　　　珠宝从阴暗处射出光焰——

　　　以及古时庞培举行凯旋式时的纪念碑

510 　和绘有米特里达梯肖像的记功碑，[1]

515 　它们今天依旧未被毁灭，并在火光之下始终放出崭新的光辉。

　　　从它那里获得的还有美貌的增加和装扮身体的

　　　技巧，通过黄金可寻获给外貌带来益处的途径；

　　　宝石缀满脑袋、脖子和双手；

　　　金色的链条在雪白的双脚上放出光彩。

520 　有哪样东西与其能为这位女子自己所用，

　　　还不如是她更愿意让自己孩子去掌握的？

　　　为了不使上述那种被用到的物质变得匮乏，

　　　它吩咐人们在地底寻找黄金，把大自然偷偷

　　　埋藏的一切都发掘出来，将地球上下颠倒

525 　以获取战利品；它还命令大家在石堆中间探寻宝藏，

　　　最后再将不情不愿的它们曝露在未曾见过的天空之下。

　　　他［仙后座的出生者］也将贪婪地计数黄色沙子，

　　　并以新的浪涛冲刷在湿淋淋的沙滩上；

　　　他将制造出小的砝码来计量微小颗粒，

530 　或将收集泛起金沫的帕克托罗斯河的财富；[2]

1　关于本都国王米特里达梯，参见上文Ⅳ，50及注释。

2　根据古希腊神话传说，已求得点石成金之术的弥达斯（Midas）因触碰到的
　食物都变成了金子，饥饿中他为解脱这种神力遵从狄俄尼索斯的吩咐，前往
　帕克托罗斯河源头沐浴，以此解脱了点金的神力，但帕克托罗斯河里的沙子
　却因此夹杂进了金子而变得闪闪发光。

533   他要么会对银矿进行熔炼，挖出隐藏着的

金属，让矿物在流动的河水中分离出来；

要么会成为商人，经营［金银匠中的］任何一种工匠生产的产品，

时刻准备着将一种金属交易成另一种以谋取利益。

这便是仙后座在出生者身上塑造出的心性。

跟随其后的是仙女座，它在双鱼座升至

二乘以六度的时候从右侧天空显现出金色的光芒。

540   曾经，残忍的父母怀着罪恶将她奉献了出来

作为牺牲，汹涌的大海拍打过每一处

海岸，陆地在洪水中遭到了毁灭，

514   此前的王国现已变成了汪洋大海。面对诸多灾厄

543   提出的代偿只有一个：将安得洛美达［仙女座］交给

疯狂的大海，以让野兽啃噬她鲜嫩的肢体。[1]

545   这便是她的“婚礼”；她一边以独自承担的方式

免除公众受到的伤害，一边含着泪被装扮成前来复仇的［野兽的］祭品，

还穿上了并非为这种许愿祭仪所准备的衣裳；

还活着的少女，她的葬礼在没有尸体的情况下就匆匆举行了。

不过，当人们一抵达波涛汹涌的大海之滨，

550   她柔软的双臂就在坚硬的岩石上伸展了开来；[2]

人们还将她的双脚绑在了巨石上，用锁链捆住了她，

这位女孩就吊在了少女的死刑柱上等待死亡。

虽然如此，可在献祭中她仍保持着泰然的表情：

---

1 关于仙女座（安得洛美达）被父母当作祭品之事，参见上文Ⅰ，351a之
注释。
2 意思是双手被绑在了岩石上。

她遭受的惩罚变成她理应承受的了，她稍稍让雪白的脖子

555　歪斜，这让她看起来似乎仍能完全掌控自己的姿势。

衣袍的衣襟从双肩滑落，又从臂膀上掉了下来，

长发披散而下一直贴到了后背。

太平鸟一边绕着你盘旋飞翔一边发出哀嚎，

在一曲悲歌之下，它们为你悲惨的命运而哭号，

560　它们把羽翼交织在一起，为你遮住了光线。

为了能目睹到你，大海平息了波涛，

停止了往常那般对峭壁的冲击，

海精灵把脸伸出了海面，

也因怜悯你的悲惨命运而泪湿了波涛。

565　和风轻轻吹拂，恢复了你被绑缚着的肢体，

又噙着泪在悬崖峭壁的顶端发出回响。

最终，幸运的那一天降临在这片海滨，

珀尔修斯［英仙座］击败怪物一样的美杜莎凯旋而归，

当他看到这位女孩被绑在岩石上的时候，

570　这位不曾被敌人［美杜莎］的容貌石化了的［珀尔修斯］

僵立当场，差点儿就没能用手抓住战利品，战胜过美杜莎的人

现在败在了安得洛美达的身上。他竟嫉妒起了岩石，

把捆住她肢体的锁链称作幸运之物；

当从她口中获悉遭受这般惩处的缘由之后，

575　他便决定借助向大海发动战争来与她缔结良缘，

即便美杜莎的一位姐妹[1]真过来［复仇］，他仍不畏惧她。

1　原文Gorgo指的是古希腊神话中美杜莎三姐妹［斯忒诺（Stheno）、尤里安勒（Euryale）、美杜莎（Medusa）］中的一个。

他迅速在空中开辟出道路，以拯救他们女儿的生命作为承诺，

让以泪洗面的父母重燃起了希望，在与新娘订下婚约之后，

他回到了海边。巨大的大海开始鼓起，

580　浪涛正如长长的兵阵一般往后退去。

［这头怪物］劈波斩浪，脑袋浮出水面，

它吐出海水，水流在牙齿间发出哗哗声响，

激荡的海水浮在它的口中；

从那儿一副巨大的［身躯］犹如硕大无比的项圈盘旋着升了起来，

585　它的背脊占据着整个大海。福耳库斯从四面八方发出声响，

山岳与峭壁在它的攻击下感到战栗。

不幸的少女，虽然你受到一位如此厉害的英雄的保护，

可你的脸上仍浮现出何等的恐惧！你的气息是怎么都逃进

空气里的！当你从礁石的裂隙间看到自己的

590　命运，看到来复仇［的怪物］驾驭大海朝你游去，

成为大海战利品的你犹如全部的血液从肢体流空一般，

是多么的无助！于是，随着飞鞋之翼振动起来，

珀尔修斯飞到了空中，并一边装备上沾染美杜莎之血的武器，

一边从天上朝敌人冲了过去。

595　那头与他作战的怪物把脑袋伸出水面，扭头朝后看去，

它在弯曲缠绕［的躯体］的支撑下提升了起来，

整副身躯都升到了高处。

可是，他从大海深处蹿出多远、升起多高，

珀尔修斯就总会飞到更高的地方，并穿透上方的空气

600　取笑它一番，再待其升得更高时击打它的头部。

不过，为了不屈从于这位英雄，它猛地向微风咬去，

牙齿徒劳地撞击着发出咔咔声响，却未能造成损伤；

它朝天上喷出海水，用带着血污的水

淋湿飞翔着的对手，还把海水喷到了星辰之中。

605　那位女孩观察着这场因她而起的战斗，

已然忘记了自己，她在恐惧中为如此勇武的保卫者

发出叹息，悬在岩石上的与其说是她的身体，还不如说是她的心。

最后，在肢体被刺中之后，这头野兽沉了下去，

身躯占满了大海，接着它又一次返回了海面上，

610　巨大的躯体覆盖住了大片海域，

可这仍是一副令人恐怖的景象，且对少女来说无法直面。

珀尔修斯用清水洗净了自己的身体，

再下一城之后，他从波涛飞到了高耸的岩石上，

他把被锁链绑在悬崖上的女孩解救了出来，

615　这位女孩因他的战斗而确定了婚约，又为新郎奉上的这份彩礼而

决定同他成婚。

616　他将安得洛美达奉上了天界，又在星辰之中

将这场伟大战争的奖赏奉作了圣物，借由这场战争，

与美杜莎一样恐怖的怪物遭到了毁灭，海洋也摆脱了危险。

无论谁只要是仙女座从海里升起的同时诞生的，

620　他都将变成冷酷无情之人、惩处的颁行者，

以及看守监狱大牢的狱吏；当身处悲惨境地的

囚徒的母亲拜倒在大门口，当父亲整夜整夜地

守候着以期能得到自己孩子的最后一吻，能将鲜活的气息

吸进最深处的时候，他则冷漠地对他们袖手旁观。

625　由它而来的是贩卖痛快一死和举行火葬权利

的剑子手的形象；对于他来说，常常露着斧头，

施加惩罚将会带来利益；总之，面对绑缚在岩石上的

那位少女，他能做到不动声色，

而作为关押入狱者的主人他不时又扮演服刑者

630　同伴的角色，以便能保住这些罪恶的身躯，让他们接受惩处。

当上升中的双鱼座的第二十一度天域

照亮大地的门梁，并让世界披上光彩的时候，

出现在空中的将会是飞翔的飞马 [1]，

那个时候生下的人将被赋予迅疾的动作和

635　随时都能履行任何职责的肢体。

此人会让马匹作出跳跃旋转的动作，一边高傲地骑在马背上，

一边集统帅和士兵与一身，居高临下地发起战争。

他将拥有"减少"赛道长度的能力：它在飞驰之际

看起来一面掩饰了自己的步伐，一面在奔驰中令跑道消失不见。

640　有哪位使者会以更快的速度从世界的边缘

飞回，或者踏着更加轻盈的步伐迈向世界的边缘？

他也将利用常见的植物汁液去治疗那些四足动物所受的

创伤，并会知道能给野兽肢体带来疗效的草药，

以及那些能供人体使用的生长出来的药草。

645　以希腊语之名被称作武仙座 [2] 的那副膝盖弯曲的

人物形象——关于其起源没有一个确切的说法——

随着双鱼座的最后那部分天域升起，在右侧发出了光芒。

_____

1　指天马座。

2　原文Engonasin，希腊语的意思是"屈膝者"。

由它生下的人具备逃跑、欺骗，以及迷惑的天性，

由此而来的是城市中心令人感到战栗的恶棍。

650　若是他心生起想法，要创造出一些技艺，

［武仙座］将激起他的热情，他也将冒着危险

出售自己的天赋：他敢于轻声踏在并不结实的路径上，

将清晰完整的足迹印在与地面平行的钢丝绳上；

而当他计划踏上通往天界的道路时，他将不时滑下并毁掉

655　新踏上的足迹，悬在半空的他也将给人们对其自己留下悬念。

在左边随同双鱼座最后那部分天域一起升起的是

在海上和天界都逼迫着仙女座的鲸鱼座。

它引导出生者在海中进行杀戮并屠宰带鳞片的

物种；他们怀着热情用张开的网在深海中

660　设下圈套，用锁链禁锢住大海；

他们将海豹约束在宽敞的监狱中，而它们在当中就像是

在敞开的海面上一样无所顾忌，他们还将给这些动物套上镣铐；

他们将毫无警觉的金枪鱼引入严丝合缝的渔网。

抓住鱼儿并不足矣：它们作出反抗以求挣脱束缚，

665　等到的却是一阵新的袭击，随后又被武器所杀；

大海溶进了自己的鲜血被染上了颜色。

再者，当这些战利品躺在岸上，堆满海边的时候，

另一场杀戮又施加在了前一场之上：鱼儿被大卸八块，

一整副躯体遭到了分割以满足不同的需求。

670　其中之一若是不取用汁液会更好一些，另一部分则是留下汁液：

对于后者，珍贵的汁水从中流了出来并产生出血水的精华，

撒上盐之后就变得适于品尝了；

对于前者，尸身败坏后的每一块肉片都被融合到了一起，

它们被挤压成型直至区分不出本来的形态，

675　这种就被当成食材和酱料为人们普遍食用。

或者，当一大群色调与深蓝色大海极类似的

带鳞片的物种停止不动并因数量而无法动弹时，

它们被巨大的拖网围住，

并满满当当地被装进了大型的池塘与酒桶，

680　它们流出的液体彼此相互渗透，

内脏溶化并分解成液体流了出来。

此外，这些人还会填满巨大盐滩，

将其中的海水蒸发，分离海中的毒素：

他们预备了一片宽敞的坚硬土地，以坚实的围墙将之围绕，

685　再从附近的海里引来海水，

并关上水闸以防流出，如此这般沙地承载着

海水，待太阳将水汽蒸发之后，开始闪烁出光芒。

晒干了的海水被搜集起来，海洋深处的"白色头发"

经过修剪被送上了餐桌，固体的泡沫堆成了

690　一座座巨大的山丘；造成海水无法被使用

而且让它尝起来带上苦涩之味的海中的毒，

他们将之转变成维持生命和健康的盐。

绕着极点转过一圈之后，当大熊座以其面部最前方的部位

替代踩在自己足迹上的永不止歇的步伐，

695　当它永远不会沉入波涛，而是始终围绕着天极旋转的时候，

抑或当小熊座随着第一缕曙光而重新上升，

当巨大的狮子座或凶残的天蝎座共同

让黑夜告终并许下白天的权利的时候，

野兽将不会对降生在那个时间的人展露出充满敌意的

700 面目，与这些野兽交往将让它们听从于他们的指令。

他将能够凭借手势操控硕大的狮子，

让狼变得驯服，与捕获的豹一起进行表演；

不能避开的还有这个星座的亲属，强壮的熊，

他将驯化它们以掌握人类的技艺和有别于天性的表演；

705 他将坐到大象背上，在施加刺激后会驱动

这头虽对体重巨大感到不快却又屈服于刺戳的野兽；

他将消除老虎的野性，把它训练成温顺的动物，

而其他各种以暴戾践踏大地的野兽，

他也将和它们保持友谊，［他将驯服］机敏的小狗

709a 〈……〉[1]

30 这便是伟大的奥林匹斯山的缔造者曾经为行星设定的

属于它们自己的力量以及产生影响的时间。

709b 〈最后，为了能结束对天界的描述，请让我告诉你星辰发出的不同程度的亮度。头等星辰的光辉使你能够轻松识别金牛座、狮子座、处女座；牧夫座、天琴座、御夫座；猎户座、大犬座、南船座和南鱼座。虽然光芒依旧明亮，但闪烁着发出较弱星光的，是标记出这些星座的星辰：双子座、天秤座、天蝎座，和射手座；大熊座、北冕座、天鹅座、天马座，还有英仙座和仙女座。〉[2]

1　此处原文缺失。根据上下文，缺失部分应该结束对协同上升星座的讨论，并涉及关于行星影响力的论述。
2　标记709b行的拉丁语原文缺失，此处译文根据英译者补充译出。

710　三等的亮度已把娇容上布满

　　　金红光晕的昴星团作为聘礼送了出去，[1]

　　　又在你［小熊座］之中找到了亮度相当的那片色彩，

　　　它还包含了海豚座从四支火炬射出的火焰，

　　　三角座从三支火炬射出的火焰，以及具有类似光亮的

715　天鹰座和背脊滑腻、身体弯曲的巨蛇[2]。

　　　接下去，其余所有星辰都能在四等和六等，

　　　以及介于上述两者中间的那个等级加以划分。

　　　最低等级所包含的那部分星辰数量最多，

　　　它们沉进天界的深处，既非每个夜晚

720　也非任何时候都发出光芒，

　　　而是当明亮的德利娅从自己的轨道退至［地平线下］，

　　　当行星在大地之下隐藏自己的光芒，

　　　当金色的猎户座浸没在华丽的火焰中，

　　　当穿行黄道星座一周的福波斯开启新的四季的时候，

725　这些星辰就会在黑暗中闪烁出光芒，就会点亮夜晚的黑幕。

　　　随后，应该就能看到闪着光的天界宫庙

727　充满了极微小的光点，整个天界

729　在群星发出的光芒下闪烁出光辉：

　　　它们的数量并不亚于地上的花朵或蜿蜒曲折的海岸上的沙粒，

　　　而是就和在海中延绵不绝地前行着的浪涛，

　　　就和在树林里飘零而落的成千上万片叶子一样多，

　　　甚至在数目上要多过环绕天球的火焰。

———————————

1　事实上，昴星团中没有一颗星有三等亮度。——英译者注

2　原文dracones为拉丁语单词draco的复数，指的既可以是龙（天龙座），又可以是巨蛇（长蛇座）。

正如在大都市里，居民会被分成不同的等级一样——

735   元老保有最高等级的位置，骑士的等级仅次于他们，

你能看到，紧随骑士之后的是［上层］人民，而排在人民之后的

是下层平民，再往后则是无名之徒——

伟大的宇宙之中也存在着一个如此这般的国家，

它是由在天界缔造起都市的大自然创造的。

740   其中就存在着与高贵者类似的星辰，存在着仅次于第一等级的

那些星辰，存在着一切等级以及属于较高等级者的权利。

而绕着天界之巅旋转的人民，其数量是最多的：[1]

假如大自然真的根据等级授予它们力量的话，

那么天界自己将无法承受住自己的火焰，

745   整个宇宙都将随着奥林匹斯山的燃烧而陷入烈火之中。

---

1 指银河。——英译者注

译名对照表

阿格里帕	Agrippa
阿卡迪亚人	Arcades
阿克特翁	Actaeon
阿克兴之战	Actia bella
阿拉克涅	Arachne
阿特柔斯之裔	Atridae
埃阿格鲁斯之［子］	Oeagrius
埃阿科斯之裔	Aeacidae
埃布苏斯岛	Ebusus
埃里达努斯河	Eridanus
埃米利乌斯家	Aemilia domus
埃涅阿斯	Aeneas
埃塞俄比亚人	Aethiopes
埃特纳火山	Aetna
爱琴海	Aegaeum
暗冥之门	nigri Ditis ianua
奥德修斯	Laertiades
奥利斯	Aulis
奥林匹克周期	olympias
奥林匹斯山	Olympus
奥瑞斯忒斯	Orestes
八宫	octotropos

巴克特里亚	Bactra
巴库斯	Bacchus
巴利阿里的田野	Balearica
白羊座	Aries/Laniger/Phrixei signi vellera/ nivei vellera signi
柏勒洛丰	Bellerophon
半度	stadium
半人马座	Centaurus
北风	Boreas
北极圈	boreae gyrus
北冕座	Corona
北天极	Arctos
北天星座	aquilonia signa
比提尼亚	Bithynia
毕星团	Hyades
别迦摩	Pergama
波江座	Flumina
伯罗奔尼撒	Peloponnesus
不合	repugnare
不可分割的原子	individuum principium
布匿人	Poeni
长庚星	Hesperos
长蛇座	Serpens/Anguis/Hydra
初升处	exortus/ortus
处女座	Virgo/Erigone
春分时辰	vernalis hora

大角星	Arcturus
大犬座	Canis
大熊座	Arctos/Helice maior/Ursa
大自然	natura
单相星座	singula astra
[诸] 德西乌斯	Decii
等级	ordo
狄安娜	Diana/Trivia
底比斯	Thebae
地球之理	ratio terrae
丢卡利翁	Deucalion
东风	Eurus
多利安的乡野	Dorica rura
俄耳甫斯	Orpheus
厄瑞克透斯	Erechtheus
发西斯河	Phasis
法布里丘斯	Fabricius
法厄同	Phaethon
菲罗克忒忒斯	Philoctetes
腓力比城外沙场	Philippei campi
费边	Fabius
佛里克索斯	Phrixus
弗里吉亚	Phrygia
福柏	Phoebe
福波斯	Phoebo
福耳库斯	Phorcys

格拉古兄弟	Gracchi
宫	pars mundi
古老的泰坦巨人	Titanae senes
癸干忒斯巨人	Gigantes
哈斯朱拔	Hasdrubal
海豚座	Delphinus
贺拉斯兄弟	Horatia proles
赫克托	Hector
赫利孔山	Helicona
赫西俄德	Hesiodus
黑海	Euxinus Pontus
回归星座	tropica
混沌	chaos
活物	animalia
基克拉迪群岛	Cycladae
极北之地	Arctos
加图	Cato
迦太基	Carthago
降没处	occasus
角宿一	Spica
金牛座	Taurus
金苹果园	hesperides
金星	Venus
鲸鱼座	Cetus
巨爵座	Crater
巨蟹座	Cancer

卡里布狄斯漩涡	Charybdis
卡里亚	Caria
卡吕冬的岩地	Calydonea rupes
卡米勒斯	Camillus
卡帕多西亚人	Cappadoces
卡皮托山	Capitolini montes
坎尼	Cannae
科尔奇斯	Colchis
科尔维努斯	Corvinus
科克勒斯	Cocles
科林斯	Corinthus
科苏斯	Cossus
科西嘉岛	Corsica
克莱莉娅	Cloelia
克劳狄乌斯	Claudius
克里特岛	Creta
克洛伊索斯	Croesus
克诺西亚卡	Cnosiaca
库里乌斯	Curius
拉丁姆的城市	Latiae urbes
拉丁战争	Latiae acies
老人星	Canopus
勒达	Leda
李维	Livius
利比亚	Libya
猎户座	Orion

猎户座腰带	Iugulae
灵魂	animus
六宫组合	singa alterna
吕卡翁	Lycaon
吕库古	Lycurgus
吕西亚	Lycia
罗德岛	Rhodos
马尔契洛	Marcellus
马尔斯	Mavors
马略	Marius
迈亚	Maia
毛里塔尼亚	Mauretania
昴星团	pleiades [sorores]
梅奥提斯湖	Maeotis lacus
[诸] 梅特路斯	Metelli
美狄亚	Medea
美杜莎	Gorgo/Medusa
美塞尼亚人	Messenes
米南德	Menander
米特里达梯	Mithridates
冥河	Acheronta
冥界	Dis
命位	sors
命数	sors
命运序链	fatorum ordines
缪斯女神	Pierides

摩羯座	Capricornus/Caper
魔灵宫	Daemonien
魔物宫	Daemonium
墨勒阿革洛斯	Meleager
牧夫座	Bootes/Arctophylax
奶白环带	lacteus orbis
南船座	Argo/Ratis
南风	Auster
南河三	Procyon
南鱼座	Notius Piscis
尼禄	Nero
尼罗河	Nilus
尼尼微	Ninos
尼普顿	Neptunus
逆行轨道	adversi cursus
涅柔斯	Nereus
宁芙	Nympha
努米底亚	Numidae
女战神	Mavortia virgo
帕克托罗斯河	Pactolus
帕拉墨得斯	Palamedes
帕皮利乌斯	Papirius
潘神	Pana
庞培	Pompeius
培拉	Pella
皮拉得斯	Pylades

皮洛斯人	Pylius
普里阿摩斯	Priamus
普罗旁提斯海	Propontis
七颗行星	sidera septem
奇里乞亚的民族	Cilicum populi
启明星	Lucifer
撒丁岛	Sardinia
萨尔摩纽斯	Salmoneus
萨拉米斯	Salamis
萨图尔努斯	Saturnus
塞尔维乌斯	Servius
塞拉努斯	Serranus
塞浦路斯岛	Cypros
塞萨利亚	Thessalia
三宫组合	signa trigona
三角座	Deltoton/Trigonum
色勒斯	Ceres
色雷斯	Thraecia
蛇夫座	Ophiuchus/Anguitenens
射手座	Sagittarius/Centaurus/Arcitenens
狮子座	Leo/Nemeaeus/Nemeeius
十度天域	decanica
十二分盘	dodecatemoria
试炼之位	athla
守护之权	tutela
曙光女神	Aurora

双相星座	bina astra
双鱼座	Pisces
双子座	Gemini
水瓶座	Aquarius/Iuvenis/Urna/aequoreus iuvenis
水星	Cyllenius
斯基泰	Scythia
四大元素	quattuor artus
四分点	cardines
四宫组合	signa quadrata
苏尔特	Syrtes
苏萨	Susa
岁时之环	anni orbis
梭伦	Solon
塔克文	Tarquinius
塔奈斯河	Tanais
陶鲁斯山	mons Taurus
特拉西梅诺湖	Trasimenne
特雷比亚河	Trebia
特里纳克里亚岛	insula Trinacriae
特涅多斯岛	Tenedos
提狄德斯	Tydides
提尔人［的］	Tyrius
提菲斯	Tiphys
提丰巨人	Typhoeus
提洛岛	Delos
天秤座	Libra/Chelae

天鹅座	Cycnus/Olor
天极守护者	Arctophylax
天箭座	Sagitta
天狼星	Canicula
天理	caelestis ratio
天龙座	Anguis/Serpens/Draco
天马座	Equus [Pegasus]
天琴座	Lyra/Fidis sidera
天坛座	Ara
天兔座	Lepus
天蝎座	Scorpios/Nepa
天鹰座	Aquila
天轴	axis
透克洛斯	Teucer
图利乌斯	Tullius
土星	Saturnus
托夸图斯	Torquatus
瓦鲁斯	Varus
瓦罗 [执政官]	Varro
维纳斯	Cytherea
维斯塔	Vesta
无	nihilum
五车二	Olenie
武尔坎	Vulcanus
武仙座	Engonasin
物体	res

西贝拉女神	Idaea Mater
［两位］西庇阿统帅	Scipiadae duces
西方之地	Hesperia
西风	Zephyrus
西拉库撒	Syracusae
昔勒尼乌斯	Cyllenius
锡拉巨石	Scylla
夏沃拉	Scaevola
仙后座	Cassiepia/Cassiope
仙女座	Andromeda
仙王座	Cepheus
小熊座	Arctos/Cynosura
辛布里人	Cimber
星座	signa/sidera/astrum/figura
行星	vagae［stellae］
性相	genus
虚空	inanis
薛西斯	Xerxes
雅典娜	Pallas
亚得里亚海	Hadriacus pontus
亚该亚的土地	Achaica arva
夜相星座	nocturna signa
伊阿科斯	Iacchus
伊奥库斯	Iolcus
伊奥尼亚	Ionia
伊奥尼亚海	Ionium［mare］

伊庇鲁斯	Epirus
伊卡利亚海	Icarium
伊利昂一族	Iliaca gens
伊利里亚	Illyricum
伊洛斯一族	Iliaca gens
伊萨卡人	Ithacus
伊西丝女神的叉铃	Isiacum sistrum
英仙座	Perseus
影响〔力〕	potentia
永恒之理	aeterna ratio
优卑亚岛上的山峰	Euboicos montes
幽冥之界	Tartaros
尤利乌斯家族的后裔	peoles Iulia
幼发拉底河	Euphrates
宇宙	mundus
御夫座	Heniochus
元首	Princeps
月食星座	ecliptica signa
支配〔力〕	dominantia
至大之体	summa
昼相星座	diurna signa
朱庇特	Iuppiter
朱诺	Iuno
主宰力	imperium

译后记

　　西方古典占星术起源于古巴比伦。在地中海地区，古希腊人及后来的古罗马人将它们融入了自己的神话和哲学体系，终成为博学之艺的一个重要门类。从古罗马时代的作品记录下的各种传说和故事，我们可以认识到占星术在当时各阶层中的流行程度。暴君图密善在处死占星师阿斯克勒塔里昂（Ascletarion）时，曾问对方是否预见到自己的结局，他回答道，自己将很快被狗撕碎。于是，图密善立刻下令处死了他，同时还命人万分小心地对其进行火葬，结果一场突如其来的风暴掀翻了火葬堆，烧到半焦的尸体被狗啃坏了。[1] 尼禄时期的作家佩特罗尼乌斯在小说《萨蒂利孔》里也曾描绘过主人公之一，暴发户、被释奴特里玛尔奇奥（Trimalchio）的那顿既奢靡又新奇的盛宴，宴席餐食全模仿十二星座的样子被厨子准备了出来，以博得赴宴者的赞叹。[2]

　　在东方，占星理论也传播到了印度地区，并随佛教进入了中亚和东亚。苏轼《东坡志林·退之平生多得谤誉》中有这样的文字："退之诗云：'我生之辰，月宿南斗。'乃知退之磨蝎为身宫，而仆乃以磨蝎为命，平生多得谤誉，殆是同病也。"这里所说的磨蝎应该就是黄道星座中的摩羯座，苏轼把韩愈和自己的不幸命境归结为摩羯座出生者得不到好运。由此可以推得，西方占星术至少在北宋时期曾流行于中原地区。

1　参见苏埃托尼乌斯：《罗马十二帝王传·图密善》（*Suetonii Domitianus*），XV，3。
2　参见佩特罗尼乌斯：《萨蒂利孔》（*Petronii Satyricon*），XXXV。

我们在探讨西方古典占星术的时候，除了集大成者托勒密[1]之外，还有一位作家是必须提到的，那便是曼尼利乌斯。后者的生平事迹，甚至确切的姓名我们都所知甚少，较普遍的说法是，此人名叫马可·曼尼利乌斯（Marcus Manilius），生活年代大致是在奥古斯都时期和提比略当政初期，比托勒密早了近一百年，因此他用拉丁语创作的这部诗歌作品《罗马星经》当属西方第一部系统阐述古代占星学理论的著作，在古典学和科学史上拥有无可替代的重要意义。除此之外，关于作者的其他信息，我们便无从确定了。不过从其作品，我们也许可以推测他精通修辞、数学和天文，对哲学和地理也很在行，但是否曾真做过占星师这一点尚很难确定。

关于这部作品的成书年代，曼尼利乌斯在作品里明确提到，自己在创作这部诗歌的时候已步入老年。正所谓："愿命运佑助我付出的巨大辛劳，/ 愿我上了年纪的生命可享长寿之福 / 以便我能够克服如此众多的事物，/ 且不论巨细都可一样认真地加以提及。"[2] 另外需要注意的是，作者在诗歌里也多次暗示了摩羯座的特殊性：大家可以发现，他在提及摩羯座的时候会特意用第二人称"你"，如果我们再结合摩羯座对奥古斯都具有特殊意义，[3] 或许就能推测曼尼利乌斯的写作年代至少不会早于奥古斯都时代。还需要注意的另一处地方是，作品里提到了罗德岛，并把它称作"将要统治世界的那位元首曾经的处所"[4]。大家翻查历史便知，提比略在掌权之前曾"自愿流

1　克劳狄乌斯·托勒密（Claudius Ptolemaeus），罗马帝国时代著名的数学家、天文学家，西方古典占星术理论的集大成者，生活年代大约在2世纪上半叶，著名著作有《天文四书》《至大论》等。

2　参见本书 I，114—117。

3　奥古斯都认为摩羯座对自己有极特殊的意义，因此将摩羯座标志印在了钱币背面。但奥古斯都的生日是9月13日，太阳星座是天秤座，于是有人猜测，奥古斯都曾更改过自己的生辰日期，他其实出生在摩羯座；也有人说，摩羯座是他的上升星座或月亮星座。关于奥古斯都在钱币背面打上摩羯座的标记，参见李铁生：《古希腊罗马币鉴赏》，第150页，图7-2，北京出版社2001年版。

4　参见本书 IV，764。

放"罗德岛长达 8 年，返回罗马之后才真正逐渐被人当作奥古斯都的继承人，所以诗歌这一行所谓的"将要统治世界的那位元首"很可能是在暗示提比略。不过，耐人寻味的地方是，"统治"一词曼尼利乌斯用的是将来分词，显然在写这句话的时候提比略并未真正手握最高大权，虽然这件事在作者看来已是定局。由此，我们有理由推断，这部作品的创作时间应可以进一步精确到提比略从罗德岛返回罗马至奥古斯都驾崩之间，也就是公元 2 年至 14 年。这一点应无太大问题。

《罗马星经》的诗文是经过修辞打磨后精心创作而成的，除去优美的文辞之外，我们还必须面对晦涩难懂的比喻和大量的神话及历史传说，对国内读者来说其内容理解起来并不容易。在此，我认为有必要将各卷的内容简单罗列一番。

第一卷主要是概论性的内容，先后涉及：宇宙的起源及其构造，各星辰和星座（黄道十二星座、北天星座、南天星座）的列举，地球表面一些特殊的环带（南北极圈、南北回归线、赤道、二至圈、二分圈、子午线、地平线、黄道），最后提到了银河，还有特殊天体彗星和流星。

从第二卷起曼尼利乌斯开始对占星理论进行系统阐述，当然最重要的部分便是黄道十二星座的分类和宫位系统，因此他把这一部分放在了这一卷先行讲述。我们需要注意的是，作者在讲述十二星座分类（如阳性星座和阴性星座、兽相星座和人相星座、单相星座和双相星座、昼相星座和夜相星座）的时候，还同时提到了星座间的位置和影响（三宫组合、四宫组合、六宫组合，星座间的敌友关系）及十二分盘的推算，特别是行星在十二分盘当中发挥作用的原理。根据曼尼利乌斯的描述，每个星座需要再被分成十二份并分配给各个星座，称作十二分盘，而每个十二分盘还需进一步分成五份，每一份只有半度，行星产生的影响应当在这些半度的天域里进行讨论。讲述完十二星座之后，作者继而讨论起黄道上固定不变的四分点（初升点、天顶、降没点、天底），再根据这些固定不变的点分割出黄道上的十二个宫位，而人出生时的这些宫位将影响到出生者的天性和命运。

结束了对星座位置和宫位的阐述，曼尼利乌斯继续在第三卷探讨命位、上升星座，以及由此而来的人寿的推算。命位和宫位比较类似，都是把黄道分割成固定的十二份，区别在于宫位依据位置固定的四分点进行分割，而命位依据的是出生时的星座位置。此外，宫位决定的是出生者的天性与命运，而命位决定的更像是出生者的生命状态和人生经历。随后，作者开始围绕初升点（或称"时出之源"）探讨上升星座的推算，以及每个星座上升或降落时经过的度数和时长。最后，由上升星座和月亮所在的星座，再结合行星位置，作者给出了寿命的推算方式。

第四卷讲述星座对出生者的影响，世界的地貌及其与星座的对应关系，还有月食星座。从作者的描述可以知道，每个占据黄道三十度的星座都可以被分成三个十度的部分，而这些十度的天域被依序交给十二个星座，因此十度的星座与三十度的星座相互交错，构成了一组庞大而复杂的机械，而星座对人的影响应当放置在这组机械中讨论，也就是说既要考虑三十度的黄道星座产生的影响，又要参考占据十度天域的星座带来的"干扰"。随后，曼尼利乌斯还按星座逐一列出了会带来害处的各个部分。接着，他开始对地球样貌进行描绘，并将十二星座分配给了各部分陆地。最后，他谈到了月食状态下月亮星座的影响力。

第五卷有相当部分篇幅曼尼利乌斯都在讨论除黄道十二星座之外的协同上升星座对出生者产生的影响。这些星座并非黄道星座，但在人诞生时正随着黄道星座一起处于上升位置，因而会对出生者产生影响。这部分之后，曼尼利乌斯最后又讨论了星辰的亮度。整部著作也结束于此。

需要大家特别注意的是，曼尼利乌斯曾在作品多处地方提到，他会讲述行星产生的影响，但寻遍整部著作，除了在讲述十二分盘时笼统地提到过行星之外，其他地方并未涉及行星的作用。在读完全书之后，我们甚至连行星产生的影响是凶是吉都无法作出判断。然而，我们也发现，在第五卷中对于协同上升星座作者似乎并未讲述完毕，而且还出现了这么一句孤零零的话："这便是伟大的奥林匹斯山的缔造者曾经为行星设定的 / 属于它们自己的力量以及产生影响的时间。"[1] 因此，大家有理由相信，曼尼利乌斯很可能曾在第五卷里写下过行星方面的论述，只是现存版本中这部分内容已无迹可寻，整部作品内容上已不完整，这一解释也许较为合理。

此外，作为西方第一部系统阐述占星理论的著作，它所描述的宇宙起源的假说，对地球是球体的精彩论证，还有对人们置身北极点时能观察到的天空景象的生动描绘，即便现代读者，读起来仍会感到印象深刻。书中提到的黄道十二星座、宫位、命位、四分点的解释体系，作为古代西方占星学的基础和核心部分，对后世天文学的形成和发展影响深远。

当然，我们也必须看到，曼尼利乌斯因受时代和客观环境的限制，在许多问题上存在认知错误。比如，最明显的，他认为地球悬停于宇宙中心，各星座到地球的距离都是等同的；还有，他认为南极附近的天空也应该存在与北极相对的大小熊星座和天龙座，但事实上并非如此；再者，他似乎也无法区分东西半球和南北半球的差别，而认为南北半球昼夜颠倒。这些问题大家在阅读时需特别留意。

最后，作为译者，我还想说，西方占星术本身属于迷信的一种，这一点无论现代还是古代都已有学者论述过，在此不必由我继续驳斥。但是，古典时代的占星学作为当时博学之艺的一个学问门类，并非仅止步于探讨命理和迷信之类的玄奇事物，其中还有相当重要的部分是对宇宙和世界的客观认知，以及通过人类的理性对未知之物的探索，正所谓用理性去征服一切。这一点也是曼尼利乌斯在《罗马星经》中一再告诫大家的，也是我译介这部作品的意义所在。

1　参见本书 V，30—31。

《罗马星经》现今流传的拉丁语版本来源有三：10至11世纪的两个本子[1]和由人文主义学者波焦·布拉乔利尼（Poggio Bracciolini）于15世纪据一份损坏严重的未知版本整理出的本子。译者所用底本是1977年哈佛大学出版社出版的拉丁语、英语对照版，属知名的洛布（Loeb）丛书里的一种。为方便读者查对原文，译文保留了原文的诗行编号，并将重要的专有名称以主格形式列在书后。

　　在我学拉丁语的时候，就注意到了曼尼利乌斯这位作家和他的这部探讨占星学理论的诗歌作品，于是找来了原文。可由于当时自己的时间和精力有限，这本书就一直被束之高阁，等我再次注意到它并打算动笔翻译时，已是十年之后。其间虽发生了许多事，但我对拉丁语和古典文化的兴趣丝毫未减，加之有幸获得诸多良师益友的帮助与鼓励，方才能完成这本书的翻译与出版。在此，我要特别感谢我的拉丁语老师白思凡（Stefano Benedetti）先生，是他交给了我开启西方古典文化大门的一把钥匙；我还要感谢帮我找到底本的好友，供职于上海图书馆历史文献中心的王继雄先生，以及为这本书能顺利出版而给予帮助并付出努力的王军先生、刘华鱼先生和王笑潇先生。不过，译者作为资历尚浅的"八零后"，本身也非相关领域的专业人士，要想得心应手地驾驭起如此专门的著作，其难度可想而知。译文之中存在不尽人意之处在所难免，还请各位读者多加批评指正，译者在此先行拜谢。

谢品巍

2020年1月

1　两个本子其中一个藏于当时布拉班特的让布卢（Gembloux in Brabant），另一个藏于莱比锡图书馆。

图书在版编目(CIP)数据

罗马星经/(古罗马)曼尼利乌斯(Manilius)著；
谢品巍译.—上海：上海人民出版社，2022
书名原文：Astronomica
ISBN 978 - 7 - 208 - 17756 - 7

Ⅰ.①罗… Ⅱ.①曼… ②谢… Ⅲ.①天文学史-古
罗马 Ⅳ.①P1 - 095.46

中国版本图书馆 CIP 数据核字(2022)第 114612 号

责任编辑 王笑潇
封面设计 周伟伟

罗马星经

[古罗马]曼尼利乌斯 著

谢品巍 译

出 版 上海人民出版社
(201101 上海市闵行区号景路 159 弄 C 座)
发 行 上海人民出版社发行中心
印 刷 江阴市机关印刷服务有限公司
开 本 635×965 1/16
印 张 15
插 页 5
字 数 172,000
版 次 2022 年 9 月第 1 版
印 次 2022 年 9 月第 1 次印刷
ISBN 978 - 7 - 208 - 17756 - 7/Ⅰ · 2024
定 价 78.00 元

本书根据哈佛大学出版社（Harvard University Press）1977 年出版的洛布（Loeb）丛书中的曼尼利乌斯：《天文学》（*Manilius：Astronomica*）之拉丁文、英文双语版译出，英译者为 G.P. 古尔德（G.P.Goold）。同时还参考了拉丁网络图书馆（http：//thelatinlibrary.com）相应篇目：马可·曼尼利乌斯名下的《天文学》（*Marci Manilii Astronomicon*）之拉丁文版原文和帕卡德人文协会（Packard Humanities Institute）网站（http：//latin.packhum.org/）相应篇目：马可·曼尼利乌斯名下的《天文学》（*Marci Manilii Astronomica*）之拉丁文版原文。